Le collège de la cité

Coéditée par les Éditions Le Pommier et la Cité des sciences et de l'industrie, la collection « Le collège de la cité » reprend, chaque année, une douzaine des conférences données dans le cadre du *Collège de la Cité des sciences et de l'industrie.*

Dans le même esprit – construire les outils d'une culture scientifique partagée et nourrir le dialogue science/société –, les textes, simples et originaux, sont élaborés spécialement pour la collection, sous la forme de petits ouvrages accessibles.

Didier Hauglustaine
Jean Jouzel
Hervé Le Treut

Climat :
chronique d'un bouleversement annoncé

Éditions Le Pommier
cité des sciences & de l'industrie

mise en pages : Marina Smid
relecture : Valérie Gautheron

N° ISBN 2-7465-0173-2
Éditions Le Pommier, 239, rue Saint-Jacques, 75005 Paris

Introduction : la science au cœur de la vision du monde

Il y a à peine plus de cinq cents ans, les voyages de Christophe Colomb et de Magellan venaient rappeler à l'humanité, qui l'avait oublié, que notre Terre était ronde. Depuis cette date, l'exploration et l'étude de cette dernière n'ont cessé de se développer.

Depuis cette date aussi, les avancées de la connaissance scientifique ont grandement modifié notre vision du monde. Au cours des dernières décennies, en particulier, une accélération fantastique des technologies utilisées a conduit à mieux mesurer la complexité des interactions qui régissent notre environnement. C'est ainsi qu'ont été élaborées les notions de « système climatique » (au sens large) ou d'« environnement global », qui désignent le système multiple comprenant à la fois les océans, l'atmosphère, les couches superficielles du sol, la banquise ou les grands glaciers, le monde du vivant (ou biosphère), ainsi que l'ensemble des mécanismes responsables des échanges entre ces milieux, que ces échanges soient énergétiques, dynamiques, chimiques ou biologiques.

Bien sûr, la pensée, les idées qui sous-tendent ces évolutions scientifiques nous viennent de loin. Dès la Renaissance, le développement d'un commerce mondial basé sur la marine à voiles a permis de disposer d'une première description de la circulation de l'atmosphère et des courants océaniques de surface. En 1686, Edmond Halley établit le concept de « cellule intertropicale », selon lequel le vent monte en altitude près de l'équateur avant de redescendre vers la surface terrestre dans les deux hémisphères, donnant ainsi naissance à la ceinture des grands déserts, à la latitude approximative de 30° N ou S ; en outre, le déplacement saisonnier de ces ascendances est à l'origine des moussons. Ces cellules portent désormais le nom de « cellules de Hadley », du nom d'un autre scientifique anglais, George Hadley, qui publia en 1735 une théorie montrant comment la rotation de la Terre lie les vents d'est équatoriaux, appelés « alizés », à ces cellules. Il est intéressant de constater comment, dès les origines, la description de notre environnement a su s'accompagner d'une interprétation physique utilisant la science mécanique pourtant encore balbutiante – ce qui permet aux théories de Halley et Hadley de conserver tout leur intérêt de nos jours.

Un peu plus tard, l'apparition des ballons permit d'apporter une dimension nouvelle à la description de l'atmosphère, la dimension verticale, que les études réalisées en montagne n'avaient fait qu'esquisser (l'exemple le plus célèbre étant la mise en évidence de la pression atmosphérique au Puy-de-Dôme par Blaise Pascal). Dès le début du XIXe siècle, Louis Joseph Gay-Lussac et Jean-Baptiste Biot se font élever à plus de 7 000 m et ramènent des échantillons d'air. En 1875, le record d'altitude détenu par les Britanniques James Glaisher et Henry Tracey Coxwell est à peine plus élevé (8 850 m), et la tentative de Gaston Tissandier pour le battre, à bord du *Zénith*, finira tragiquement par la mort de ses deux coéquipiers Joseph Eustache Crocé-Spinelli et Henri Sivel. Ce n'est finalement qu'au début des années 1930, dans l'entre-deux-guerres, avec le professeur Auguste Piccard, que l'on commença vraiment à explorer la stratosphère, et c'est pendant la Seconde Guerre mondiale que l'on apprit à connaître des éléments météorologiques aussi importants que les courants-jets atmosphériques, ces forts vents d'ouest soufflant en altitude qui affectent fortement la durée des trajets en avion au-dessus de 10 km d'altitude, et dont on n'avait alors pas deviné qu'ils s'étendaient sur l'ensemble des moyennes latitudes.

Mettre en commun l'ensemble de ces découvertes a constitué un défi particulièrement difficile à relever. Pendant longtemps, les données recueillies n'ont été rassemblées et donc échangées que dans un second temps, dans des centres spécialisés de recherches géographiques ou physiques. C'est l'arrivée du télégraphe qui a rendu possible une surveillance en temps réel de la planète, surveillance qui s'est très vite imposée comme une nécessité, en premier lieu pour satisfaire les besoins de la prévision météorologique. On comprit l'importance de cette prévision après la tempête qui frappa la flotte française lors de la guerre de Crimée, en 1854, et dont il fut démontré qu'elle aurait pu être prévue. Aussi l'empereur Napoléon III chargea-t-il l'astronome Urbain Le Verrier de mettre en place un réseau de mesures qui devint progressivement global sous l'égide de l'Organisation météorologique mondiale. Son utilisation fut longtemps limitée par l'absence de moyens appropriés pour le stockage des données, conservées jusque dans les années 1970 sous forme de fiches ou de microfiches difficiles à collecter ou à traiter. Ces résultats, issus du travail de plusieurs générations de chercheurs, restent très importants et, dès que sont apparues les premières craintes sur l'évolution de notre environnement global, la communauté scientifique a réalisé la tâche titanesque de la remise en forme de l'ensemble de ces données, en les saisissant sur des supports numériques et en les analysant à nouveau globalement. Il a fallu par exemple tester la cohérence des données maritimes et continentales, l'influence du déplacement de diverses stations météorologiques, ou encore la part prise par l'extension des villes.

Ce très bref historique permet de rendre justice à un peu plus d'un siècle de recherches ayant posé les jalons d'une nouvelle discipline, la climatologie.

Mais les dernières décennies sont marquées par une rupture très forte, une véritable révolution dans notre connaissance de la planète, résultat de deux développements technologiques majeurs et très récents :

l'observation spatiale et le gain de puissance ininterrompu des ordinateurs.

L'objet de ce livre est de montrer les liens étroits qui existent entre l'évolution de la connaissance scientifique et la prise de conscience du rôle toujours plus grand que l'homme exerce sur son environnement. L'idée que la science fournit des réponses simples à nos problèmes reste répandue ; nous voulons montrer ici que, au contraire, le mouvement perpétuel de la recherche pose des questions souvent dérangeantes et nous oblige à définir une stratégie face à des risques avérés, mais dont les contours exacts ne se préciseront sans doute que peu à peu.

1

Un climat sous surveillance

Observer et prévoir la circulation atmosphérique, puis la circulation océanique, n'est finalement devenu possible que très récemment.

Le premier ordinateur utilisé pour la prévision météorologique fut l'ENIAC, dans les premières années qui suivirent la Seconde Guerre mondiale. Il s'agissait d'un monstre mis en œuvre par le scientifique américain John von Neumann : 18 000 tubes à vide et 80 t de matériaux pour effectuer 360 multiplications ou 5 000 additions par seconde. Dans les années 1970, quand l'idée de modèles climatiques commença à devenir réalité, les ordinateurs les plus puissants, tel le CDC 7600, avaient une puissance de 20 mégaflops, soit vingt millions d'opérations par seconde. Par rapport à ces performances, le Earth Simulator mis en place en 2003 par les Japonais apporte un gain colossal de puissance de calcul, d'un facteur supérieur à un million ! La même progression vertigineuse a accompagné la capacité de stockage et de traitement des données.

L'observation scientifique de la Terre depuis l'espace a elle aussi véritablement commencé dans les années 1970. Il s'agissait dans un premier temps de « voir » les systèmes météorologiques, et les premiers « imageurs » se contentaient souvent d'observer la Terre dans quelques longueurs d'onde du domaine visible (la lumière visible observée par satellite étant issue de la réflexion du rayonnement solaire par la planète), et dans quelques longueurs d'onde du domaine infrarouge (ce rayonnement étant, lui, émis par la Terre).

Il faut reconnaître aux météorologues d'avant l'ère satellitaire une capacité remarquable de conception leur permettant, à partir d'indices souvent épars, de récapituler la circulation atmosphérique ou océanique globale (au niveau de la planète) : qu'il s'agisse de l'école de Bergen, avec les travaux de Vilhelm Bjerknes ou Carl-Gustaf Rossby sur les fronts de moyennes latitudes en météorologie, ou des travaux de Henry Stommel sur la circulation océanique globale. Mais les images satellitaires n'en ont pas moins révolutionné notre compréhension de la circulation atmosphérique en donnant à voir de manière directe la multiplicité des mouvements qui s'y manifestent à différentes échelles. De plus, très rapidement, c'est l'ensemble du spectre électromagnétique qui a été utilisé pour étudier la planète, depuis les ondes très courtes et énergétiques (ultraviolet) jusqu'aux micro-ondes ou aux ondes radio, qui traversent souvent la couverture nuageuse et permettent de voir le sol par tous les temps. Les mesures peuvent être passives (recueil de l'émission de la Terre) ou actives (le radar ou le lidar qui se trouve à bord du satellite émet un rayonnement dont on mesure la réflexion). En outre, elles peuvent être différenciées selon la polarisation ou la direction du rayonnement. Des « visées aux limbes » permettent de voir comment la partie haute de l'atmosphère absorbe un rayonnement externe à la Terre. Toutes ces mesures ont donné accès à des paramètres très nombreux, souvent de manière indirecte ou en combinant plusieurs mesures, et donc après un travail de recherche important. C'est ainsi que les observations spatiales permettent désormais de décrire des aspects de notre environnement aussi variés que la composition chimique de l'atmosphère – incluant la présence d'aérosols ou de nuages et leur impact sur le rayonnement – ou l'état de la surface des continents – au travers d'indices de végétation ou d'une estimation de l'eau des sols. Elles donnent accès à l'estimation de nombreux paramètres comme la température, l'humidité, la direction et la vitesse des vents atmosphériques, les précipitations à l'échelle globale, le dénivelé de la surface de la mer et donc les courants de surface océanique, la formation de plancton dans ces mêmes océans, ou encore l'écoulement des grands glaciers.

Cette liste n'est pas close, la qualité des mesures est en évolution constante, et quantité de systèmes d'observation attendent encore d'être lancés. Mais l'analyse d'une telle masse d'informations (qui dans la plupart des cas commencent seulement à arriver dans les laboratoires) est limitée par deux facteurs : le manque de recul temporel, qui constitue la motivation des études paléoclimatiques décrites par ailleurs dans ce livre, et... le temps humain, souvent incompressible, nécessaire pour mener à bien un tel travail.

Au cours des dernières années, les apports respectifs des technologies informatiques et des mesures spatiales ont été associés de manière plus étroite. Le développement de méthodes permettant d'« assimiler » les données dans des modèles numériques, c'est-à-dire à la fois de vérifier leur cohérence et de les compléter au travers de méthodes mathématiques utilisant les équations du mouvement atmosphérique ou océanique, a permis de faire progresser leur utilisation de manière considérable. Le grand public ne réalise pas toujours l'exploit technologique que représente, par exemple, l'annonce d'une pluie intense sur les contreforts des Cévennes douze ou vingt-quatre heures à l'avance. Ces dépressions se forment sur la Méditerranée où il n'y a que très peu d'observations directes : il s'agit donc de traiter l'information satellitaire en temps réel, de la transformer mathématiquement de manière à la rendre compréhensible par les modèles, et de lancer les simulations permettant d'effectuer la prévision. Toutes ces opérations étaient encore complètement irréalisables il y a à peine plus de dix ans.

Parallèlement, la variété des nouveaux moyens d'étude a renforcé l'idée que notre planète doit être étudiée comme un milieu complexe, certes, mais formant une entité unique. Les échanges entre l'atmosphère et l'océan ou les glaces sont non seulement d'ordre physique et mécanique, comme nous allons le voir, mais aussi d'ordre chimique ou biologique. Dès le début du XXe siècle, le scientifique russe Vladimir Ivanovitch Vernadski avait déjà donné un contenu fort à la notion de biosphère, en étudiant par exemple le cycle du carbone et ses échanges entre différents milieux ou en introduisant l'idée de « noosphère », extension de la biosphère qui devient un système où désormais l'homme intervient. Si ces processus de régulation liés aux échanges entre milieux ne sont que très marginalement sensibles lorsqu'il s'agit de prévision météorologique (et donc d'échéances limitées à quelques jours), ils deviennent essentiels dès que l'on parle de climat, c'est-à-dire du comportement « habituel » des systèmes naturels à l'échelle de plusieurs décennies, en y incluant aussi les fluctuations ou les événements extrêmes qui sont susceptibles de se produire sur des périodes longues.

Des circulations atmosphérique et océanique sous contrainte

Toute l'énergie, ou presque, qui anime le système climatique nous vient du Soleil : la part de chauffage géothermique (issue du centre de la Terre) joue le plus souvent un rôle mineur, qui ne se fait sentir qu'au fond des océans ou à la base des grands glaciers.

La « constante solaire », c'est-à-dire l'énergie solaire qui arrive à un instant donné au sommet de l'atmosphère, n'est mesurée avec précision que depuis l'ère satellitaire : auparavant, sa valeur devait être préalablement corrigée des effets atmosphériques. Après l'avoir rapportée à la surface de la Terre (elle doit alors être divisée par 4 pour tenir compte du fait qu'une moitié de la Terre est dans la nuit et que les régions polaires ne reçoivent qu'un rayonnement rasant) et en avoir retiré la part de 30 % qui est directement renvoyée vers l'espace, on obtient un chauffage solaire qui représente une puissance d'environ 240 W.m^{-2} (watts par mètre carré) ; pour que l'équilibre thermique global de la Terre se maintienne, cette énergie apportée par le Soleil doit être compensée par une émission exactement égale du système Terre-océan-atmosphère, se faisant dans le domaine infrarouge. Par ailleurs, la mesure des flux montre que, en moyenne, les régions de basses latitudes (entre 30° S et 30° N) gagnent de l'énergie – l'absorption du rayonnement solaire y est supérieure à l'émission du rayonnement infrarouge terrestre –, alors qu'aux latitudes plus hautes le contraire se produit. Ce déséquilibre est compensé par un apport constant d'énergie depuis l'équateur vers les pôles, à la fois par l'atmosphère et par les océans.

Quelles peuvent être les parts respectives de l'atmosphère et de l'océan dans cet immense transfert d'énergie ? Nous sommes confrontés sur ce point aux limites persistantes de nos connaissances. Certes, les flux de rayonnement au sommet de l'atmosphère peuvent être mesurés par l'observation spatiale avec une précision de quelques watts par mètre carré, cette limite étant principalement liée au fait que les satellites utilisés ont une orbite polaire qui ne permet pas d'observer la planète à toute heure et en tout point. En revanche, la mesure des flux d'énergie entre l'atmosphère et l'océan (qui permet de discriminer les rôles respectifs de ces deux fluides) reste incertaine, car elle dépend de paramètres qui ne sont pas directement mesurables depuis l'espace et le sont difficilement sur la passerelle d'un bateau. Néanmoins, on peut estimer qu'une grosse moitié du transport d'énergie depuis l'équateur vers les pôles est effectuée par l'atmosphère, et qu'une petite moitié l'est par l'océan.

A ces contraintes énergétiques s'ajoute un autre élément, qui conditionne lui aussi fortement les circulations atmosphérique et océanique : le fait que ces écoulements se développent sur une sphère en rotation. L'effet le plus spectaculaire de la rotation terrestre sur l'atmosphère est la limitation en latitude de l'extension des cellules de Hadley (voir p. 7). Dans la zone intertropicale, c'est en fait la définition de l'ensemble des écosystèmes, des forêts tropicales aux déserts en passant par les savanes semi-arides, qui dépend ainsi directement de l'extension des cellules de Hadley, et donc de la rotation de la Terre. Les régions de moyennes latitudes sont au contraire le lieu de processus atmosphériques instables, en témoignent les vagues de dépressions qui se succèdent au-dessus d'un pays comme la France. Dans l'océan, la rotation de la Terre détermine aussi des processus essentiels, en particulier le fait que les courants de surface se développent perpendiculairement aux vents moyens, avec une déviation vers la droite dans l'hémisphère Nord et vers la gauche dans l'hémisphère Sud. Quand le courant de surface est ainsi contraint de s'écarter d'une côte, ou de se diriger de part et d'autre de l'équateur, il induit des remontées d'eaux profondes qui apportent des nutriments et permettent le développement de chaînes écologiques importantes déterminant des zones de pêche.

On ne peut évidemment résumer le comportement de l'atmosphère et de l'océan à ces quelques processus. La formation des nuages dans l'atmosphère, ou encore le rôle de la salinité océanique dans la plongée des eaux en Atlantique Nord – un des facteurs qui entraînent une circulation à l'échelle de tout l'Atlantique, incluant le célèbre Gulf Stream –, sont des exemples qui peuvent en témoigner. Mais, malgré ces limitations, l'existence de ces facteurs énergétiques qui contraignent fortement les écoulements atmosphériques et océaniques est à l'origine du développement d'un outil fondamental pour la prévision des climats futurs : les modèles numériques.

Modélisation : de la météorologie vers la climatologie

On fait souvent remonter l'idée de la modélisation numérique des écoulements atmosphériques à l'Anglais Lewis Fry Richardson qui fut le premier, vers 1920-1922, à utiliser les équations de la mécanique des fluides et un ensemble de mesures atmosphériques pour tenter de prévoir l'évolution de l'atmosphère à l'échéance de quelques heures ou de quelques jours. Cette approche constituait la préfiguration exacte de ce que sont les modèles aujourd'hui : l'idée principale consiste à reconnaître l'impossibilité de trouver une solution mathématique exacte aux équations du mouvement atmosphérique, valable en tout point de la surface terrestre. On se contente alors d'une solution approchée, aux nœuds d'un maillage recouvrant la Terre avec un point tous les quelques centaines de kilomètres horizontalement, et cela sur plusieurs niveaux verticaux (le plus souvent quelques dizaines).

La première limite à cette approche a bien sûr été qu'elle nécessitait des moyens de calcul très supérieurs à ceux qui étaient alors disponibles (Lewis Fry Richardson avait imaginé un « ordinateur météorologique » dans lequel quelques milliers de personnes effectuaient les opérations sous la conduite d'un chef d'orchestre). Dès la fin des années 1940 et le début des années 1950, de nouvelles tentatives furent menées autour de l'Américain Julius Charney, quand l'ENIAC – l'ordinateur déjà cité plus haut – devint disponible, tentatives qui mirent de nouveaux problèmes en évidence, avec la découverte de la nature chaotique des équations par Edward Lorenz.

Deux objectifs furent alors proposés à la modélisation atmosphérique. Le premier, surtout pendant les premières décennies, durant lesquelles le temps de calcul restait limité, fut d'essayer de prévoir le temps à l'échelle des quelques jours à venir. Le second objectif concernait la compréhension des mécanismes déterminant les statistiques climatiques sur des échéances de plusieurs mois ou plusieurs années, et qui dépassaient donc largement les dix jours constituant l'horizon maximal d'une prévision déterministe. Il s'agissait alors de travailler avec les modèles climatiques, qui relèvent d'une problématique que l'on pourrait formuler en ces termes : est-il possible, à partir des lois de la physique, de recréer une planète virtuelle qui ressemble à la nôtre ? En effet, si la prévision météorologique reste possible jusqu'à une échéance de dix jours environ, c'est parce que les résultats dépendent alors encore de l'état de départ ; mais si on laisse les modèles numériques évoluer librement et dépasser cette échéance, que se passera-t-il ? Le modèle va développer ses propres structures météorologiques – des alizés, des dépressions, des anticyclones –, il va « vivre » tout seul, comme une petite planète synthétique, numérique. Les résultats n'auront plus de valeur prédictive, mais ils ne seront pas quelconques et s'ordonneront selon une climatologie. En quoi ce climat simulé ressemblera-t-il au climat réel ? Ce réalisme se maintiendra-t-il si l'on étend encore la représentation du monde réel en utilisant les résultats de modèles océaniques ou des modèles de sol continental pour prévoir les températures de surface, créant ainsi des « modèles couplés Terre-océan-atmosphère » ?

Ces questions n'ont reçu de réponse (positive) que très récemment, car le développement de cette science nouvelle a pris du temps. Il a fallu attendre les années 1960 pour que les premiers modèles atmosphériques soient appliqués à la reconstruction du climat (par Yale Mintz et Akio Arakawa à Los Angeles ; par Syukuro Manabe et Joseph Smagorinsky à Princeton). Les modèles couplant océan et atmosphère n'ont trouvé leur plein essor que depuis dix ans environ, avec l'arrivée d'une nouvelle génération de calculateurs. Que cela puisse « marcher » peut rester un sujet d'étonnement sur le plan théorique, mais les simulations numériques en apportent la preuve : nous pouvons créer des planètes numériques artificielles qui ressemblent à la nôtre (sans en être bien sûr la copie exacte).

Disposer d'un temps de calcul suffisant n'a pas été la seule contrainte qu'il a fallu vaincre. En représentant la circulation atmosphérique ou océanique aux nœuds d'un maillage aussi lâche, il est nécessaire de se préoccuper des échelles plus petites, de tous les mouvements liés au relief, ou aux nuages convectifs (qui sont le résultat d'une ascension presque verticale de l'air, d'origine thermique), ou encore à la turbulence près du sol et, de façon similaire, dans l'océan, il faut tenir compte des cheminées de plongée de l'eau de surface ou des anneaux du Gulf Stream. Permettre une représentation statistique de ces mouvements dans des modèles où ils ne peuvent être pris en compte explicitement, assurer le lien avec des processus thermodynamiques comme l'absorption ou la réflexion des rayonnements solaire ou terrestre, ou encore la formation de neige ou de pluie, tout cela a constitué le travail d'une communauté de plusieurs centaines de personnes pendant une vingtaine d'années, et a nécessité des campagnes d'observations ciblées.

C'est ce travail, encore inachevé, qui a non seulement permis à nos planètes synthétiques d'atteindre progressivement un réalisme étonnant, mais a aussi expliqué l'incertitude qui peut encore rester attachée aux résultats de certains modèles.

Les perturbations liées aux activités humaines

Le chapitre 3 du présent ouvrage est consacré aux modifications que les activités humaines apportent au système climatique. Mais il est néanmoins déjà utile à ce stade de donner quelques ordres de grandeur qui permettront de situer le problème. Nous avons vu que ce système est déterminé par un cycle d'énergie où, par absorption d'énergie solaire, la Terre reçoit environ 240 $W.m^{-2}$ et renvoie une quantité d'énergie équivalente vers l'espace. De façon simple, on peut imaginer deux perturbations de ce cycle : l'une correspond à des processus qui modifieront la part reçue du Soleil, et l'autre la part émise par la Terre. Dans notre jargon, nous parlerons de « forçage radiatif » (on utilise le néologisme « forçage » pour définir la quantité d'énergie associée à l'un des processus physiques qui mettent en route la circulation atmosphérique). Nous utiliserons cette expression de « forçage radiatif » tout au long de l'ouvrage pour désigner la variation du flux vertical solaire reçu ou terrestre émis au niveau de la tropopause (située à une altitude d'environ 10 km, c'est le sommet de la troposphère ou partie inférieure de l'atmosphère). On estime ainsi que les aérosols émis par les activités humaines depuis le début de l'ère industrielle ont pu augmenter de 0,5 $W.m^{-2}$ environ le rayonnement solaire réfléchi vers l'espace (et donc diminuer d'autant la part reçue dans le système climatique). Ce chiffre reste très incertain, car les aérosols ont une durée de vie courte dans l'atmosphère – où ils ne s'accumulent donc pas –, et leur observation est très difficile : l'instrument privilégié est le satellite, mais les données sont récentes, les aérosols émis ont des signatures radiatives multiples, et il n'est pas toujours facile de bien les distinguer des nuages. On connaît mieux un deuxième type de modifications qui correspond à l'augmentation de certains gaz appelés « gaz à effet de serre ». Ceux-ci peuvent agir sur le rayonnement infrarouge émis par la Terre, et on sait que cet effet correspond, pour les variations déjà mesurées de la composition chimique de l'atmosphère, à une diminution de l'émission vers l'espace de 2,5 $W.m^{-2}$ environ (la Terre se réchauffe ensuite, ce qui réajuste les valeurs de l'énergie émise par la Terre et de l'énergie reçue du rayonnement solaire). Exception faite de l'ozone et de la vapeur d'eau, la plupart des gaz à effet de serre ont une durée de vie atmosphérique longue qui, dans le cas du dioxyde de carbone CO_2, communément appelé « gaz carbonique », dépasse la centaine d'années ; c'est même leur principal facteur de dangerosité, puisqu'ils s'accumulent dans l'atmosphère. Cet effet cumulatif est inévitablement destiné à l'emporter sur l'effet contraire des aérosols, avec des perturbations sur le rayonnement de la planète qui, si nous n'y prenons garde, pourraient presque atteindre la dizaine de watts par mètre carré d'ici la fin du XXIe siècle.

Si nous donnons ces quelques chiffres, c'est pour montrer que ces perturbations radiatives anthropiques (dues à l'homme), si elles sont faibles en valeur absolue – quelques watts par mètre carré – et se situent à l'extrême limite de ce qui est mesurable en termes de bilan énergétique, sont par contre très fortes en valeur relative. Il s'agit d'une perturbation du cycle énergétique de quelques centièmes de la valeur de référence (de 240 $W.m^{-2}$) qui, en quelques dizaines d'années, peut produire une variation de quelques centièmes de la température moyenne de la Terre (qui est de 288 kelvins

– soit 15 °C), un processus dont on sait qu'il est de plusieurs ordres de grandeur au-dessus des fluctuations observées au cours des derniers milliers d'années. A partir de ces chiffres, on peut anticiper ce qui caractérisera nos simulations du climat futur : une très grande confiance dans le diagnostic global (de fait, les valeurs données au début du XXe siècle par Svante Arrhenius, prix Nobel de chimie suédois qui fut probablement le premier scientifique à attirer l'attention sur le problème des gaz à effet de serre, sont globalement correctes), mais une grosse difficulté à préciser les choses de manière plus quantitative ou régionale, car nombreux sont les processus qui sont suffisamment énergétiques pour affecter localement les résultats.

2

Les climats du passé

Retournons quelque vingt-cinq ans en arrière, à la fin des années 1970. Le débat sur la possibilité d'un réchauffement du climat lié aux activités humaines est déjà largement ouvert. Il se concentre sur l'utilisation des modèles climatiques dont on espère qu'ils permettront de prédire de façon précise le climat du futur, et sur l'analyse des variations du climat au cours du XXe siècle, à l'évidence nécessaire pour donner la mesure des changements à venir. Les études destinées à décrypter puis à comprendre l'histoire des climats du passé, ou paléoclimatologie, sont également très actives. Dans chacun des deux cas, étude du passé ou recherche sur l'avenir, il s'agit du climat, mais les deux communautés, celle des spécialistes du climat moderne et des modélisateurs (ou concepteurs de modèles) d'un côté, celle des paléoclimatologues de l'autre, interagissent relativement peu.

Les choses ont progressivement changé. Certes, les modèles climatiques restent, par essence, les outils privilégiés pour prédire le climat du futur, et même les seuls outils, car l'idée que l'on puisse identifier dans le passé des périodes chaudes qui pourraient servir d'exemple au climat futur est vaine. Les conditions rencontrées par la planète diffèrent à chaque fois d'un trop grand nombre de facteurs. Qui plus est, à l'échelle de dizaines de millions d'années, l'évolution du climat dépendra des modifications de la géographie et de la topographie de la Terre. Cependant, dans le débat sur le futur de notre climat, se procurer les données du passé se révèle progressivement de plus en plus indispensable. Ce débat prend une importance croissante avec l'arrivée des rapports successifs du Groupe intergouvernemental sur l'étude de l'évolution du climat, le GIEC, également connu à travers son acronyme anglais IPCC (*International Panel on Climate Change*), dont nous dirons plus loin les principales conclusions.

Nous l'avons vu, le développement d'une capacité à « ausculter » la planète par des instruments de toutes sortes, en particulier à partir des satellites, apporte des informations essentielles pour établir un diagnostic sur son état. Mais nous n'avons aucun recul dans cet exercice, alors que nous savons que notre planète est un système dynamique complexe, dont certaines composantes, comme les océans profonds ou les grands glaciers, évoluent sur des échelles temporelles s'exprimant en centaines ou en milliers d'années. L'étude des climats du passé constitue donc un complément absolument nécessaire à celle des climats du futur. Ainsi, les témoignages du passé nous donnent des informations sur l'amplitude « naturelle » des variations de l'effet de serre et sur leur rôle climatique – une référence indispensable pour évaluer la composante anthropique. Par ailleurs, l'existence de variations climatiques importantes et rapides qui, dans le passé, sont intervenues à l'échelle d'une vie humaine et même sur des durées encore plus courtes, témoigne du caractère anormal, et peut-être fragile, des conditions climatiques stables que nous connaissons depuis le début du développement de nos civilisations, il y a cinq mille ans. Un grand nombre de chantiers se sont ainsi ouverts, qui concernent par exemple : l'étude de la variabilité naturelle du climat au cours du dernier millénaire – variabilité qu'il est nécessaire de bien évaluer si l'on veut détecter sans ambiguïté ce qui, dans le changement climatique, est lié aux activités humaines ; l'étude de la fréquence d'apparition d'extrêmes climatiques comme les sécheresses ou les inondations ; l'étude de la modification éventuelle de modes propres d'oscillations du système climatique, tels El Niño ou, plus près de nous, l'Oscillation

Nord-Atlantique (NAO), dont on sait l'incidence importante sur le climat de nombreuses régions ; l'étude du cycle du carbone et des autres gaz à effet de serre, et de leurs impacts sur les changements climatiques. D'objets d'étude pour eux-mêmes (par ailleurs passionnants !), les climats du passé deviennent, peu à peu, partie intégrante d'une discipline scientifique unique, la climatologie physique moderne, dont l'un des buts est de mieux comprendre le rôle de l'homme sur son environnement.

Mais comment les scientifiques peuvent-ils connaître le temps qu'il faisait il y a cinq cents, cinq mille ou cinquante mille ans, et même bien au-delà, alors qu'il n'y avait aucun instrument de mesure ? C'est l'un des objectifs de ce chapitre que de répondre en quelques pages à cette interrogation. Nous verrons combien les archives climatiques sont diverses, nous décrirons quelques-unes des approches permettant de reconstituer les températures, les précipitations ou les changements de circulation dans l'atmosphère ou dans l'océan, nous aborderons les difficultés que rencontrent les méthodes de datation. L'ensemble de ces éléments nous permettra de présenter de façon convaincante, nous l'espérons, quelques-uns des résultats qui démontrent que l'étude des climats du passé constitue une mise en perspective indispensable pour mieux cerner le débat sur son évolution actuelle et future.

Les archives climatiques

Notre Terre est vieille de 4,6 milliards d'années, mais les archives qui permettent de reconstituer des séries climatiques continues, auxquelles nous nous intéressons ici, ne couvrent que quelques dizaines de millions d'années. Cela est dû, en particulier, à la tectonique des plaques : au bout d'un certain temps, la croûte terrestre disparaît par subduction, et avec elle les indices climatiques qui s'étaient progressivement accumulés en elle.

Mais nous nous limiterons ici à la partie la plus récente de l'ère quaternaire, c'est-à-dire aux dernières centaines de milliers d'années, pour lesquelles les archives disponibles ne sont pas affectées par ce phénomène. En effet, cette période, durant laquelle les hominidés sont déjà présents, est très courte par rapport à l'histoire de la Terre, l'influence de la dérive des continents y est négligeable, les variations de la puissance solaire ne sont que de petites fluctuations quasi périodiques, et l'atmosphère est déjà pauvre en CO_2. Mais, comparée à la durée d'une vie humaine, il s'agit d'une période vertigineusement longue, caractérisée par un climat très fluctuant, le plus souvent de type glaciaire, entrecoupé par des intervalles interglaciaires relativement brefs, réapparaissant tous les cent mille ans environ. Nous vivons actuellement dans une époque interglaciaire, l'Holocène, qui a commencé il y a un peu plus de dix mille ans, et est caractérisée par une grande stabilité du climat depuis cinq mille ans. Il y a vingt mille ans, au contraire, les conditions étaient celles du « dernier maximum glaciaire ». Cinquante millions de kilomètres cubes de glace étaient alors stockés en Amérique du Nord, Europe du Nord et Sibérie, soit le double ou presque du volume actuel de l'Antarctique, et près de vingt fois celui du Groenland. Conséquence directe : le niveau de la mer était alors à 120 m au-dessous du niveau actuel. La température moyenne était d'environ 5 °C inférieure à sa valeur actuelle, avec des différences plus faibles dans les régions équatoriales et tropicales, et plus importantes près des calottes polaires. La précédente période interglaciaire (donc chaude), l'Eémien, nous ramène à un passé encore plus lointain : elle date d'il y a un peu plus de cent vingt mille ans.

L'idée d'archive climatique est simple : une bonne part des caractéristiques de ce qui se forme sur Terre, que ce soit dans le monde vivant – la faune et la flore –, dans le monde minéral, ou encore au cours du cycle de l'eau, varie selon les conditions climatiques qui prévalent au moment de cette formation. Si ces matériaux divers s'accumulent, couche après couche, de façon que la séquence temporelle des dépôts soit préservée, au moins pour l'essentiel, l'ensemble de ces couches forme une archive climatique utilisable pourvu qu'elle soit physiquement accessible, qu'elle puisse être datée et que certaines de ses propriétés puissent être interprétées en termes de paramètres quantitatifs.

Les archives continues couvrant les périodes les plus longues nous sont fournies par les sédiments marins, largement présents dans l'océan mondial. Une même épaisseur de sédiments (obtenue par forage) correspond à une période d'autant plus longue que les dits sédiments se seront accumulés lentement; l'intérêt étant souvent de couvrir une période relativement courte, de quelques dizaines à quelques centaines de milliers d'années, de façon aussi détaillée que possible, cela ne sera possible que dans des régions où l'accumulation a été assez rapide.

Ces échelles de temps sont également accessibles grâce à une deuxième archive extrêmement riche, l'archive glaciaire, disponible en particulier en Antarctique et au Groenland. Cinq forages profonds de plus de 3 km y ont été réalisés depuis une quinzaine d'années, non sans d'énormes difficultés, nous livrant de la glace vieille d'environ huit cent mille ans en Antarctique, et de plus de cent mille ans au Groenland, où l'accumulation est plus importante.

Les archives continentales apportent elles aussi des informations très riches, marquées par une grande diversité, car tout dépôt, qu'il soit éolien, glaciaire, fluvial ou lacustre, est influencé par le climat. Les dépôts de lœss sont de grands pourvoyeurs de longues séquences continues et facilement exploitables, certains d'entre eux couvrant l'ensemble du quaternaire ; les tourbières, quant à elles, sont idéales pour l'étude des pollens, dont certaines séries couvrent cette même période. S'y ajoutent les lacs, qui fournissent aussi de longues séries, et les concrétions formées dans les grottes souterraines, stalagmites ou veines calcaires, avec au moins une série continue couvrant plus de cinq cent mille ans.

Il est donc possible de décrire les grandes glaciations du quaternaire à partir des informations fournies par l'océan, les continents et les calottes polaires, ces diverses informations étant en fait très complémentaires. Mais les paléoclimatologues sont également intéressés par un passé beaucoup plus récent, de quelques siècles à quelques milliers d'années, avec, cette fois, l'objectif d'une reconstruction très détaillée, si possible année par année. On utilise alors d'autres techniques : la dendrochronologie, ou étude des cernes des arbres, l'analyse des coraux et de leurs bandes annuelles de croissance dans les océans, ou celle des carottes de glace dans les régions à forte accumulation (le Groenland dans son ensemble, les régions côtières de l'Antarctique, mais aussi les glaciers des Andes et de l'Himalaya). On peut en outre s'appuyer sur les témoignages humains, en particulier sur les écrits riches en informations climatiques (tempêtes, inondations, sécheresses, dates des vendanges...) et, pour les derniers siècles, sur les premières mesures de température et de pression, encore largement inexploitées pour la période antérieure à 1860 (année qui constitue le point de départ d'analyses de la température moyenne de la planète, et à partir de laquelle le nombre des données a été jugé suffisant pour être significatif à l'échelle du globe). C'est ainsi que se fait le lien avec la période instrumentale moderne dont nous avons parlé au chapitre précédent.

Comment reconstruit-on le climat ?

Comment passer de la carotte de glace ou de sédiments marins, ou du morceau de bois, à des paramètres tels que la température ou la quantité des précipitations ? Les méthodes de lecture de ces indices des climats passés (indices que les paléoclimatologues appellent « proxies ») sont très variées et vont des plus simples aux plus sophistiquées.

La répartition des espèces, qu'elles soient animales ou végétales, constitue une source très riche d'information. Dans l'océan, certains foraminifères (petits animaux marins microscopiques dont les coquilles formées de calcaire se retrouvent dans les sédiments marins) aiment les eaux chaudes, alors que d'autres se sentent mieux dans les eaux plus froides. La répartition de ces différentes espèces donne donc des informations sur les températures des eaux dans le passé. De même, le type de végétation dépend largement de la température et des précipitations, paramètres qui peuvent être déduits de l'analyse pollinique, la répartition des pollens témoignant assez directement de celle de la végétation dans une région donnée. Ce type d'approche vaut également pour d'autres espèces, aussi bien dans l'océan – avec, par exemple, les algues microscopiques comme les diatomées – que sur le continent – à partir d'insectes qui réagissent très rapidement aux changements climatiques, et même avec les escargots… Dans le même ordre d'idée, au sein d'une espèce donnée, le rythme annuel de croissance est un indicateur climatique : pour les arbres, on peut déduire les températures et les précipitations de l'épaisseur des cernes, voire de la densité du bois ; le rythme de croissance des coraux dépend lui aussi des conditions climatiques.

La chimie tient une belle place dans ces analyses. Coraux et coquilles de foraminifères sont composés de carbonate de calcium qui, au moment de leur formation, incorpore d'autres éléments présents dans l'eau de mer, tels le magnésium, le strontium ou l'uranium. Avec cette particularité que le rapport magnésium sur calcium, par exemple, n'est pas le même dans l'eau de mer que dans le corail qui s'y forme : il y a fractionnement et ce fractionnement dépendant de la température, il constitue un élément de mesure de cette dernière. L'analyse des molécules organiques est également source d'informations climatiques. Ainsi certaines espèces de phytoplancton répondent aux changements de température en modifiant la composition moléculaire de leurs membranes, ce qui fournit un excellent paléothermomètre.

L'analyse isotopique constitue l'approche la plus prolifique, celle que l'on utilise presque systématiquement, quelle que soit l'archive considérée. Là aussi, la notion de fractionnement est cruciale, mais elle a lieu cette fois-ci au sein d'un ensemble de molécules identiques, ou presque: ces dernières sont formées des mêmes atomes, mais certains d'entre eux, les isotopes, ont une masse molaire différente de celle de l'atome le plus abondant. Prenons le cas de l'eau, qui n'est pas composée uniquement d'hydrogène « normal » (de masse molaire 1) ou d'oxygène

« normal » (de masse molaire 16) : ces deux atomes ont l'un et l'autre des isotopes, en particulier le deutérium D (hydrogène de masse molaire 2) et l'oxygène 18 (de masse molaire 18), ^{18}O. Leur existence conduit à des formes « isotopiques » de la molécule d'eau, HDO et $H_2{}^{18}O$, qui accompagnent la molécule d'eau $H_2{}^{16}O$ partout où elle est présente (D_2O, l'eau lourde, n'existe pas en quantité comparable dans la nature). Les propriétés physiques de ces trois molécules sont légèrement différentes : les molécules contenant des isotopes, qualifiées de « lourdes », ont tendance à se concentrer légèrement dans la phase condensée (pluie ou neige) et à s'appauvrir dans la phase gazeuse (vapeur), ce qui se conçoit bien intuitivement. Résultat : à chaque changement de phase de l'eau, la phase condensée est plus riche en isotopes lourds que la phase vapeur qui lui a donné naissance. A mesure que la masse d'air se refroidit, la vapeur restante voit donc progressivement diminuer ses teneurs en isotopes lourds. Il en est de même pour les nouvelles précipitations formées à partir de cette vapeur. Ce phénomène est à la base de ce que nous appelons le « thermomètre isotopique » : plus il fait froid, plus la teneur isotopique est faible, et inversement. Appliquée en un site donné, cette correspondance permet de reconstruire les variations du climat à partir d'un enregistrement des variations de concentration du deutérium ou de l'oxygène 18 dans la glace.

Conséquence directe de ces fractionnements, la glace stockée sur le continent au dernier maximum glaciaire, et donc formée dans des régions très froides, était plus pauvre en oxygène 18 que l'océan. Par simple effet de bilan, l'océan glaciaire était donc légèrement plus riche en isotopes lourds que l'océan actuel qui a accueilli les eaux de fonte des glaces, elles-mêmes plus pauvres en isotopes. Cet effet est enregistré dans les coquilles de calcite des organismes qui se sont formés à la même époque, par exemple celles des foraminifères. Cependant la teneur isotopique d'un foraminifère ne dépend pas uniquement de celle de l'eau de mer, mais aussi de la température et de sa vitesse de croissance. La prise en compte de ces différents paramètres permet d'utiliser la mesure des teneurs en oxygène 18 pour reconstituer les variations passées du niveau des mers. Cette analyse isotopique s'étend à presque toutes les « archives », qu'elles soient formées de calcaire – comme les coraux, les stalagmites ou encore les ostracodes que l'on trouve dans les sédiments lacustres – ou de matière organique – comme la cellulose des arbres (qui contient aussi des molécules d'eau). D'autres isotopes sont également utilisés : le carbone 13 permet de décrire le cycle du carbone et, de manière indirecte, les courants dans les océans et les périodes de sécheresse sur les continents ; les isotopes de l'azote ou de l'argon, analysés dans les bulles d'air piégées dans la glace, permettent, eux, de mesurer les changements de température associés aux variations climatiques rapides.

Les datations

Parmi les archives que nous venons de citer, cernes d'arbres, coraux et glaces à fort taux d'accumulation sont, en principe, faciles à dater : il suffit de compter la succession des années qui y ont laissé des traces repérables. Le comptage des couches annuelles vaut également pour certaines stalagmites marquées par la présence de lamines annuelles, ainsi que, dans certains cas, pour les sédiments lacustres et, exceptionnellement, pour des sédiments marins. Mais cette approche a des limites. Ces dernières peuvent être liées à la période couverte par les archives : quelques siècles pour les coraux, quelques millénaires pour les cernes d'arbres avec lesquels de longues séries sont obtenues en combinant des séries plus courtes provenant d'arbres vivants, puis d'arbres morts. Ces limites peuvent aussi être dues au fait que les traces annuelles s'estompent progressivement : c'est en particulier le cas pour les glaces polaires au-delà de quelques dizaines de milliers d'années.

D'autres méthodes font appel au décompte des atomes radioactifs présents dans les archives. L'exemple probablement le mieux connu est celui de la datation au carbone 14. Produit par l'action des rayonnements cosmiques sur les hautes couches de l'atmosphère, sa concentration dans cette dernière est assez bien connue ; il participe au cycle du carbone et est incorporé dans différents matériaux (bois, matière organique). Une fois extrait de l'atmosphère, il voit sa concentration diminuer par décroissance radioactive, la moitié des atomes disparaissant en 5 730 ans. La concentration du carbone 14 restant permet donc de déterminer l'âge d'un échantillon que l'on cherche à dater. Cette notion d'horloge radioactive s'applique à d'autres éléments ou séries d'éléments, en particulier au couple uranium/thorium dont l'analyse permet de dater les stalagmites ou les coraux très anciens.

Ces datations radioactives ont cependant un champ d'application limité. La méthode au carbone 14 s'applique dès qu'il y a du carbone en quantité suffisante dans l'objet dont on cherche à mesurer l'âge, mais la datation devient de moins en moins précise à mesure que l'on remonte dans le temps, le nombre d'atomes restants devenant trop faible. Il faut alors combiner différentes méthodes : ainsi, par exemple, dans leurs sédiments, les paléocéanographes savent repérer l'existence de renversements magnétiques qui peuvent être datés sur les continents, ces mesures se faisant à partir de radioéléments à longue durée de vie ; le renversement qui s'est produit il y a 780 000 ans constitue un élément majeur de la reconstitution des climats du quaternaire. Les modèles permettent aussi d'utiliser des informations variées : celles des cycles d'insolation, que nous connaissons grâce au calcul astronomique (voir p. 61), ou celles de la physique de la glace, qui s'amincit par compression et s'écoule au sein des calottes glaciaires.

Des incertitudes sont associées à chacune des méthodes de datation. Elles peuvent être importantes, allant jusqu'à dix mille, voire quinze mille ans pour les parties les plus anciennes des grands forages glaciaires. Il devient alors important, du point de vue de la compréhension des mécanismes climatiques, de placer différents enregistrements glaciaires, marins ou continentaux sur une échelle de temps commune. De nombreuses approches, que nous ne présenterons pas ici, existent pour établir de telles chronologies, dites relatives.

Des traces anciennes de l'effet de serre

L'effet de serre, dont l'augmentation liée aux activités humaines nous préoccupe aujourd'hui, est, du point de vue du physicien, un phénomène relativement bien documenté : les spécialistes de ce que nous appelons le « transfert radiatif » savent calculer les propriétés absorbantes de différentes molécules, comme le dioxyde de carbone CO_2 ou le méthane CH_4, deux gaz qui sont à l'œuvre dans le processus de l'effet de serre. Deux questions se posent malgré tout : cet effet de serre agit-il vraiment sur le climat ? et les modifications de composition de l'atmosphère que l'activité humaine est en train de susciter ont-elles eu des précédents ?

Les planétologues nous offrent deux exemples du rôle climatique joué par l'effet de serre : l'un avec Vénus, dont l'atmosphère est absorbante, dense et très chaude ; l'autre avec Mars, planète au contraire très froide, car mal protégée par une atmosphère devenue très ténue. Mais ces planètes sont placées à des distances très différentes par rapport au Soleil, aussi l'exploitation scientifique d'un contraste aussi extrême ouvre-t-il autant de questions qu'il n'en résout.

L'histoire ancienne de notre planète témoigne d'autres périodes durant lesquelles dioxyde de carbone et méthane ont été parmi les moteurs de l'évolution climatique de la Terre aux échelles des temps géologiques. Mais c'est probablement l'ère quaternaire qui dévoile, de la façon la plus intime, le lien entre climat et effet de serre. Au milieu des années 1980, on a comparé, en Antarctique, sur une durée de cent cinquante mille ans, l'évolution des températures et celle des teneurs en dioxyde de carbone et en méthane ; cette comparaison a montré que climat et effet de serre vont main dans la main sur l'ensemble d'un cycle glaciaire-interglaciaire, et que les taux actuels de CO_2 ou de CH_4 n'avaient jamais été atteints au cours de cette période. Malgré la difficulté d'une interprétation complète (s'il est clair, à ces échelles de temps, que le climat agit sur les gaz à effet de serre, démontrer l'inverse relève encore d'un véritable défi scientifique), ces mesures ont contribué de façon notable à la prise de conscience du problème lié à la modification de la composition de l'atmosphère résultant des activités humaines : il ne s'agit plus seulement de résultats obtenus à partir de modèles, mais d'une réalité tangible.

Cette découverte doit beaucoup aux Soviétiques qui, malgré les conditions particulièrement hostiles, ont installé une station permanente à Vostok, dans l'Est de l'Antarctique, et réalisé un série de forages depuis le début des années 1970. Fortes du succès d'un forage de 900 m réalisé en 1978, les équipes françaises ont été, à l'initiative de Claude Lorius, associées au projet à partir de 1982. Elles ont été rejointes quelques années plus tard par des laboratoires américains, le support logistique des États-Unis étant, par ailleurs, indispensable au succès de cet ambitieux projet. Les 2000 m ont été dépassés en 1983, soit un forage couvrant une durée de cent cinquante mille ans. Les enregistrements ont été étendus à deux, puis à quatre cycles climatiques (un cycle climatique correspondant à l'ensemble d'une période glaciaire et d'une période interglacaire, soit une durée totale proche de cent mille ans), et ils couvrent désormais plus de quatre cent mille ans. En dessous de ce niveau, d'environ 3310 m, les couches de glace sont perturbées et, à partir de 3540 m, elles résultent du regel progressif de l'eau d'un lac sous-glaciaire qui s'étend sur une partie importante de cette région de l'Antarctique (de la taille d'un département français). Le forage européen réalisé en 2003 au site du dôme C, à quelques centaines de kilomètres de Vostok, devrait permettre d'étendre ces enregistrements sur une période deux fois plus longue (de huit cent mille ans).

A partir de ces forages, on a pu étudier deux composantes : les variations de température en Antarctique, calculées à partir du profil de la teneur isotopique de la glace, analyses réalisées à Saclay ; et, d'autre part, les teneurs en dioxyde de carbone et en méthane, reconstituées à Grenoble à partir de l'analyse des bulles d'air piégées dans la glace. La comparaison de ces deux séries de résultats nous livre un message très fort : elle indique que, à l'échelle des grands cycles glaciaires-interglaciaires, les concentrations en CO_2 et CH_4 analysées dans ces bulles d'air sont, en général, effectivement fidèlement corrélées avec les variations de la température, pour l'ensemble des quatre cent mille dernières années.

Comme le prévoit la théorie de Milanković, à ces échelles de temps, le rythme des grandes glaciations semble régulé par la position de la Terre sur son orbite, position qui gouverne la quantité d'énergie solaire que reçoit une région donnée tout au long de l'année ; appelée « insolation », cette dernière dépend de la latitude et de la saison, et sa valeur peut être calculée en fonction de trois paramètres orbitaux : l'excentricité de l'orbite, l'obliquité de l'axe de rotation et la précession des équinoxes, auxquelles sont associées des périodicités proches, respectivement de cent mille, quarante mille et vingt mille ans. L'analyse des sédiments marins, puis celle des glaces polaires ont démontré que ces paramètres régulent une part importante des variations climatiques pendant les périodes glaciaires et interglaciaires. Il s'agit d'une convergence absolument remarquable entre des séries paléoclimatiques et des résultats complètement indépendants issus de la mécanique céleste.

Mais le forçage astronomique n'est pas seul en jeu. De nombreux indices témoignent d'une réalité plus complexe ; en particulier, la simultanéité des âges glaciaires dans les deux hémisphères ne peut être le résultat direct des perturbations de l'ensoleillement. Plusieurs autres facteurs internes au système climatique entrent aussi nécessairement en jeu, et parmi eux le rôle des gaz à effet de serre. Les refroidissements glaciaires sont accompagnés de rapports de mélange en CO_2 et en CH_4 plus faibles que ceux qui caractérisent les périodes interglaciaires chaudes d'environ 100 millionièmes pour le CO_2 (c'est-à-dire que, sur un million de molécules d'air présentes, il y a cent molécules de CO_2 de moins que durant les périodes interglaciaires, soit environ –30 %) et 300 milliardièmes pour le CH_4 (c'est-à-dire trois cents molécules de CH_4 de moins sur un milliard de molécules d'air, soit environ –50 % ; des variations de l'oxyde nitreux N_2O ont également été enregistrées. Les mécanismes qui lient ces variations de teneur en gaz à effet de serre aux cycles astronomiques sont encore mal connus, mais leur ampleur implique des modifications radicales des émissions ou des mécanismes de destruction de ces gaz. Lors d'une déglaciation, les changements d'insolation déclencheraient le processus dans l'hémisphère Sud ; les perturbations imposées alors aux gaz à effet de serre amplifieraient ensuite la perturbation initiale, ce qui contribuerait à une synchronisation de cette déglaciation dans les deux hémisphères.

Dans l'état actuel de nos connaissances, le rôle joué en période glaciaire par cette modification des gaz à effet de serre et, au-delà, par l'effet induit sur la glace des mers, la vapeur d'eau et les nuages nous semble indispensable pour rendre compte de l'ampleur des modifications du climat enregistrées pendant le quaternaire. Les températures du passé contiennent donc des informations cruciales sur ce que, dans notre jargon, nous appelons la « sensibilité » du climat, c'est-à-dire sa réactivité vis-à-vis des perturbations auxquelles il peut être soumis, telle une modification de l'effet de serre. De façon générale, ces données de l'ère quaternaire indiquent l'existence très probable de mécanismes qui amplifient les effets de réchauffement de l'atmosphère dus à l'effet de serre, mécanismes qui devraient également opérer au cours des prochaines décennies.

Des changements climatiques rapides

Les données du passé témoignent donc de la sensibilité notable du climat à des changements relativement faibles du bilan énergétique moyen. Mais elles vont au-delà. Elles ont par exemple démontré que le climat peut, au moins régionalement, passer de façon quasi instantanée d'un climat glaciaire à un climat presque aussi chaud que celui que nous connaissons actuellement. Cette existence de variations rapides avait été évoquée une première fois, au début des années 1980, à partir des enregistrements obtenus dans un carottage effectué dans la partie sud du Groenland ; elle a été pleinement confirmée à partir de deux forages, l'un européen, l'autre américain, réalisés au centre de la même calotte glaciaire dix ans plus tard. On y observe des réchauffements de l'ordre de 10 °C advenant en quelques dizaines d'années. Les changements du taux des précipitations et de la circulation atmosphérique qui les accompagnent sont eux aussi importants, et plus brusques encore. Le retour vers les conditions froides est, quant à lui, d'abord lent, puis relativement rapide. Ces séquences « en dents de scie », d'une durée de cinq cents à deux mille ans, se sont répétées une vingtaine de fois au cours de la dernière période glaciaire. Leur structure apparaît extrêmement similaire à celle des événements rapides mis en évidence dans des sédiments marins de l'Atlantique Nord dont l'analyse montre que les plus importants de ces événements sont liés à la fonte massive d'icebergs provenant des grandes calottes qui existaient alors dans l'hémisphère Nord : cette arrivée d'énormes quantités d'eau douce aurait contribué à modifier la circulation océanique et, par là même, le climat, fournissant ainsi une explication raisonnable à l'existence d'instabilités climatiques en période glaciaire. Ces variations rapides ont eu de fortes répercussions sur l'Europe de l'Ouest (comme en témoigne l'analyse de sédiments lacustres, de stalagmites ou de séries polliniques) et, plus généralement, sur l'hémisphère Nord (où elles ont affecté le rythme des moussons) ainsi que, au moins en partie, sur l'hémisphère Sud.

L'Holocène n'est pas exempt de variations brusques, même si elles sont moins importantes qu'en période glaciaire. En témoigne le refroidissement brutal survenu il y a 8 200 ans. Révélé par l'étude des glaces du Groenland, cet événement, d'une durée totale d'environ deux cents ans, est également inscrit dans les sédiments marins de l'Atlantique Nord et sur les continents adjacents. Cette découverte de variations climatiques rapides, très probablement liées à des changements de la circulation océanique, indique la possibilité de voir des fluctuations rapides et de grande ampleur survenir dans le futur de façon inattendue – nous y reviendrons.

D'autres exemples pertinents vis-à-vis du climat du futur

L'étude des archives climatiques du quaternaire nous délivre nombre d'enseignements pertinents vis-à-vis du climat du futur : rôle climatique de l'effet de serre à l'échelle des grands cycles glaciaires ; augmentation notable de cet effet de serre au cours des deux cents dernières années – cette augmentation étant indubitablement liée aux activités humaines – ; mise en évidence de l'existence de variations climatiques rapides… Ces précieux enseignements sont en outre à compléter par quelques informations fournies par le climat du dernier millénaire, celui que les paléoclimatologues appellent le « climat récent », objet d'une attention croissante.

En effet, un nombre de plus en plus important de chercheurs marchent sur les traces d'Emmanuel Le Roy Ladurie. La raison en est simple : la détection d'un changement climatique ne peut se faire à partir des seules données du XXe siècle. A la seule lecture des chroniques historiques, on pressent que des réchauffements de plus d'un demi-degré sont très certainement survenus au cours des siècles précédents, sans que les activités humaines puissent être incriminées. Ces événements diffèrent néanmoins de la situation actuelle : ces périodes plus chaudes, par exemple l'optimum médiéval du début du millénaire – mais également les périodes plus froides, comme le petit âge glaciaire advenu quelques siècles plus tard –, si elles sont bien caractérisées dans nos régions, n'ont probablement pas eu un caractère global.

Il reste beaucoup à faire pour connaître le climat du dernier millénaire avec précision, mais les résultats disponibles ont déjà permis aux experts du GIEC de conclure que, au moins dans l'hémisphère Nord (les données ne sont pas encore suffisantes dans l'hémisphère Sud), le réchauffement du XXe siècle n'a probablement pas eu d'équivalent au cours du dernier millénaire, et que la dernière décennie du XXe siècle a probablement été la plus chaude du millénaire. Ces résultats, qui tendent à montrer la singularité du réchauffement survenu au cours du XXe siècle, ont joué un rôle clé dans la prise de conscience de l'impact des activités humaines.

Ce climat récent va continuer à faire l'objet d'une grande attention, car une connaissance plus précise et plus fine des derniers siècles devrait se révéler utile pour répondre à un ensemble de questions : quelles sont les causes des variations climatiques naturelles observées ? quel rôle y jouent les variations de l'activité solaire ou de celle des volcans ? quel est le rythme naturel des grandes sécheresses, telle celle qu'ont connue les États-Unis dans les années 1930 ? plus généralement, que sait-on des extrêmes climatiques dans nos régions – cyclones, grandes tempêtes –, de ces périodes de précipitations intenses dont on ne possède pas de chroniques s'étalant sur une durée suffisante. En outre, l'étude du climat récent aidera sans doute les climatologues à savoir si les modes d'oscillations propres du système climatique tels El Niño ou, dans nos régions, l'Oscillation Nord-Atlantique, ont vu leur rythme d'apparition modifié par les activités humaines. Le champ des questions ouvertes est immense.

3

Une nouvelle ère géologique, l'Anthropocène

On doit à Paul Crutzen, prix Nobel de chimie en 1995, et à Erik Stoermer d'avoir, début 2002, donné un nom à l'époque dans laquelle nous vivons. Selon eux, l'Holocène s'est achevé vers la fin du XVIIIe siècle, pour laisser la place à l'« Anthropocène », époque marquée par l'augmentation due à l'homme des concentrations de certains gaz comme le gaz carbonique et le méthane, dont témoigne l'analyse des bulles d'air contenues dans la glace. Certes, d'autres chercheurs pensent que l'incidence de l'action de l'homme sur la composition de l'atmosphère a commencé il y a des millénaires ; nous adopterons néanmoins la définition de Crutzen et Stoermer, car, comme nous l'avons vu dans le chapitre précédent, la rapidité avec laquelle ces perturbations de la composition atmosphérique interviennent depuis environ deux cents ans est sans précédent dans l'histoire du climat.

Quelle est la nature de ces constituants chimiques qui, bien que présents en concentrations extrêmement ténues dans l'atmosphère, peuvent perturber le bilan énergétique de notre planète à l'échelle globale ? 78 % de l'atmosphère actuelle est constituée d'azote moléculaire N_2 et 21 % d'oxygène moléculaire O_2 (nécessaire à la respiration des êtres vivants). L'argon et les autres gaz rares représentent quant à eux près de 0,9 % des molécules d'air. Même si ces gaz réunis constituent à eux seuls 99,9 % de l'air, ils n'ont pas d'influence notable sur les variations de notre climat, qui dépend en fait surtout de constituants largement minoritaires, parmi lesquels la vapeur d'eau H_2O, le dioxyde de carbone

CO_2, le méthane CH_4, l'oxyde nitreux N_2O et l'ozone O_3 qui, par leur contribution à l'« effet de serre », jouent un rôle essentiel. Il est important d'insister sur la faible teneur atmosphérique de ces gaz dont la présence est pourtant absolument cruciale pour l'équilibre énergétique de la planète : si nous prenons un million de molécules dans l'air qui nous entoure, nous y trouverons seulement en moyenne de trois cents à quatre cents molécules de gaz carbonique ; et si nous prenons un milliard de molécules, nous y trouverons seulement quelques dizaines de molécules d'ozone ! Ainsi, la fragilité de notre système climatique tient au rôle disproportionné de quelques composés chimiques, qui sont en quantité si faible que l'activité humaine peut aisément en modifier la concentration dans l'atmosphère.

Le gaz carbonique est souvent (et à juste titre) incriminé en premier lieu dans cette problématique de l'effet de serre. Mais il n'agit pas seul. Dans les conditions actuelles, l'effet de serre naturel est dû pour près des deux tiers à la vapeur d'eau et aux nuages, pour près d'un tiers au CO_2, et pour 1 % ou moins à chacun des autres composés. Mais leur importance relative dépend surtout de la capacité des activités humaines à en modifier les concentrations.

Le temps de résidence de ces différents gaz dans l'atmosphère constitue aussi un élément de différenciation considérable. Le cycle de la vapeur d'eau, par exemple, est très rapide – de l'ordre de quelques semaines – et ne peut être affecté de manière directe par les activités humaines. Le gaz carbonique a un comportement très différent : on estime que son temps de résidence dans l'atmosphère est de plus d'un siècle.

En général, les autres gaz à effet de serre combinent une durée de vie atmosphérique de l'ordre de quelques années et une absorption moléculaire du rayonnement infrarouge terrestre souvent plusieurs dizaines de fois supérieure à celle du gaz carbonique, ce qui fait leur importance du point de vue du forçage radiatif, malgré leurs très faibles concentrations. Parmi ces gaz, l'ozone joue un rôle clé en participant directement aux perturbations du bilan énergétique et en contrôlant le pouvoir oxydant de l'atmosphère. Avec ces gaz et particules actifs d'un point de vue climatique et chimique, un pont est jeté entre deux problèmes majeurs pour l'environnement : la pollution locale et les changements climatiques globaux.

Les données relatives aux principaux gaz à effet de serre directement affectés par les activités humaines (durée de vie atmosphérique, rapports de mélange à diverses périodes y compris celles prédites par différents scénarios à l'horizon 2100) ont été regroupées dans les tableaux 1 et 2, pp. 126 et 128.

Un diagnostic complexe

Le défi posé est de comprendre comment le rejet massif de polluants par les activités industrielles et agricoles ou par les feux de forêt a déjà modifié la composition de l'atmosphère et va continuer de le faire au cours des prochaines décennies, et, à travers ces modifications, de comprendre comment il va aussi avoir une incidence sur le forçage radiatif. C'est donc un bilan de l'influence des activités humaines sur la composition chimique de l'atmosphère et sur les forçages radiatifs qui y sont associés que nous allons brièvement présenter.

Le gaz carbonique tient une place particulière, en ce sens qu'il est le seul composé à ne pas participer à la chimie de l'atmosphère dans laquelle sont impliqués l'ensemble des autres gaz à effet de serre et une large fraction des aérosols. Les aspects liés, respectivement, au CO_2 et aux autres gaz à effet de serre de longue durée de vie seront donc présentés séparément. Nous aborderons ensuite les forçages dus à l'ozone et aux aérosols, puis nous examinerons l'influence de la chimie troposphérique. Enfin, nous compléterons ce bilan en évoquant les forçages d'origine uniquement naturelle – solaire et volcanique –, étant entendu que, sauf pour des gaz « inventés » par l'homme, tels les chlorofluorocarbures (CFC), les composés intervenant sur le bilan radiatif de la planète (gaz à effet de serre ou aérosols) ont des composantes à la fois naturelles et anthropiques.

L'évolution de ce bilan radiatif ne peut évidemment pas être établie de façon directe. Même de nos jours, les observations, essentiellement satellitaires, ne sont pas assez précises pour suivre cette évolution. Et, en tout état de cause, aucune mesure globale n'est disponible pour le XVIIIe siècle. L'approche consiste donc à évaluer l'évolution de la composition de l'atmosphère et à nous tourner vers les physiciens du bilan radiatif qui savent calculer le forçage radiatif de façon précise si c'est en fonction des concentrations des composés gazeux, mais avec énormément d'incertitudes dès qu'il s'agit d'aérosols.

Par ailleurs, la composition de l'atmosphère n'est suivie de façon continue que depuis quelques décennies : depuis l'année géophysique internationale (1957-1958) pour le gaz carbonique et l'ozone, et plus récemment encore pour les autres intervenants du bilan radiatif. Les archives climatiques présentées dans le chapitre 2 sont donc, là aussi, indispensables.

En pratique, presque toutes les informations dont nous disposons dans ce domaine nous viennent des glaces polaires. Non seulement ce matériau est le seul qui, grâce aux bulles d'air qu'il contient, possède des échantillons de l'atmosphère du passé, mais c'est aussi un matériau que sa grande pureté rend idéal pour apporter des informations sur l'évolution passée des aérosols et de la chimie atmosphérique. Outre une chronique précise de l'augmentation des concentrations des gaz à effet de serre, ces glaces fournissent des enregistrements des retombées de poussières, de sel marin et de sulfates, qu'ils soient d'origine anthropique ou volcanique, ou même issus de l'activité solaire. Le seul reproche qui puisse être fait aux glaces est de rester muettes sur les variations passées de l'ozone qui, très réactif, a le mauvais goût de ne pas laisser de traces.

Le dioxyde de carbone

La concentration du CO_2 dans l'atmosphère n'a cessé d'augmenter depuis le début de l'ère industrielle : les mesures effectuées dans les carottes glaciaires montrent clairement une relative stabilité du CO_2 durant la période 1000-1800, suivie d'un accroissement rapide. Les premières mesures directes, effectuées au sommet d'un volcan hawaiien, le Mauna Loa, à la fin des années 1950, font état de concentrations égales à 315 millionièmes, à comparer aux 280 millionièmes de la fin du XVIIIe siècle et aux 370 actuels. Aujourd'hui, la concentration du CO_2 dans l'atmosphère a donc augmenté d'environ 30 % sous l'effet des activités humaines. Le forçage radiatif associé à cette augmentation est de 1,46 $W.m^{-2}$ en moyenne annuelle et globale.

Le taux de croissance annuel de la concentration en CO_2, qui était de 0,2 % en 1958, a désormais doublé, ce qui correspond à une accumulation moyenne de 3,2 GtC/an (gigatonnes de carbone par an, une gigatonne étant égale à un milliard de tonnes, soit 10^9 t), valeur établie sur l'ensemble des observations disponibles en une quarantaine de sites de mesure répartis sur la planète. Ce taux de croissance est cependant loin d'être constant, et il présente de fortes variations dans le temps et l'espace, variations qui ne sont pas associées aux émissions anthropiques. En effet, les émissions liées à l'utilisation des combustibles fossiles (charbon, pétrole, gaz naturel) et aux cimenteries (qui participent pour 3 % environ à ces émissions), ne montrent pas de variabilité aux courtes échelles de temps – elles ont injecté, en moyenne, 6,4 GtC/an au cours des années 1990. Cette variation du taux d'accroissement du CO_2 dans l'atmosphère est attribuée à la variabilité des échanges de carbone qui ont lieu entre l'atmosphère, la végétation et les sols d'une part, l'atmosphère et l'océan d'autre part, échanges qui, eux-mêmes, sont affectés par le climat (température, précipitations, ensoleillement). Sur cette période, il est estimé qu'en moyenne 1,7 GtC/an a été absorbée par les océans et 1,4 reprise par la végétation et les sols. Notons que ces valeurs représentent des flux nets soumis à de larges incertitudes (contrairement à la part, très précisément mesurée, qui s'accumule chaque année dans l'atmosphère).

La courbe de croissance de la concentration du CO_2 mesurée dans l'atmosphère indique qu'à cette augmentation séculaire se superpose une variation saisonnière très marquée dans l'hémisphère Nord (au Mauna Loa par exemple) et pratiquement absente dans l'hémisphère Sud. Cette variation saisonnière est de nouveau associée aux échanges entre la végétation et l'atmosphère : un minimum annuel de la concentration du CO_2 est mesuré durant l'été boréal, lorsque la photosynthèse est à son maximum. Bien que le temps de vie du CO_2 dans l'atmosphère soit estimé à cent vingt ans en moyenne, les variations géographiques et temporelles de la concentration de ce gaz n'en demeurent pas moins suffisantes pour être exploitées afin d'estimer les échanges de carbone entre les différents réservoirs, et ainsi mieux comprendre le bilan du CO_2.

Les autres gaz à effet de serre de longue durée de vie

Hormis le CO_2, d'autres gaz émis dans l'atmosphère par les activités humaines (production d'énergie, transports, industrie, agriculture, combustion de la biomasse tropicale...) peuvent contribuer directement à l'effet de serre additionnel, en raison de leur capacité à absorber (et à réémettre) le rayonnement infrarouge émis par la Terre. C'est le cas du méthane CH_4, de l'oxyde nitreux N_2O, des chlorofluorocarbures CFC et de leurs produits de substitution (HFC, HCFC, PFC), et de l'ozone O_3.

Le rapport de mélange du méthane dans l'atmosphère est aujourd'hui de 1 745 milliardièmes. Ce gaz a un temps de vie de dix ans dans l'atmosphère et son abondance a été multipliée par 2,5 depuis la période préindustrielle. Les mesures effectuées dans les bulles d'air piégées dans les carottes de glace montrent un rapport de mélange relativement stable d'environ 700 milliardièmes au cours du dernier millénaire, suivi d'une augmentation rapide à partir du début du XIXe siècle. Cette dernière est directement associée à différents types d'émissions : industrielles et fossiles (exploitation et utilisation du gaz naturel, du charbon et du pétrole), agricoles (ruminants, rizières), et issues des décharges. Réunies, elles représentent environ 70 % des émissions de méthane dans l'atmosphère, dont la totalité est estimée à 600 Mt (millions de tonnes) par an. Cette augmentation s'est poursuivie à un taux d'environ 0,3 % par an en moyenne durant les années 1990. Elle s'est cependant ralentie au cours de ces dernières années, et la concentration du méthane semble même s'être temporairement stabilisée depuis l'année 2000. Le taux de croissance du méthane dans l'atmosphère est donc très variable, comme le révèlent les mesures de surface effectuées de manière routinière dans une quarantaine de stations. Une large part de cette variabilité, qui reste mal comprise, est probablement associée à la variabilité naturelle du système climatique (dynamique, température, précipitations), comme dans le cas du CO_2. Les émissions de méthane peuvent également varier considérablement d'une année sur l'autre : c'est le cas pour les émissions par les zones inondées (marécages, tourbières), qui représentent la majeure partie des émissions naturelles, ainsi que pour celles produites par la combustion de la biomasse, qui présente également une variabilité importante, tant dans les régions tropicales qu'aux moyennes et hautes latitudes.

Le principal mécanisme de destruction du méthane dans l'atmosphère est dû à son oxydation par le radical hydroxyle OH. Des variations de cette destruction sous l'effet de changements climatiques, du rayonnement ultraviolet ou de la distribution des autres espèces chimiques affectant directement OH, ont également été proposées pour expliquer ces variations du taux d'augmentation du méthane. Contrairement au CO_2, qui est inerte dans l'atmosphère, le méthane participe à la chimie de l'atmosphère : d'une part, son oxydation produit du monoxyde de carbone CO, du CO_2 et de l'eau, et, d'autre part, il contribue à la production chimique de l'ozone. Le forçage radiatif global moyen associé à l'augmentation du méthane dans l'atmosphère est de 0,48 $W.m^{-2}$.

Le rapport de mélange de l'oxyde nitreux N_2O est, quant à lui, passé de 270 (valeur préindustrielle) à 314 milliardièmes. Cette augmentation de plus de 15 % se poursuit avec un taux d'accroissement de 0,25 % par an, qui présente aussi une importante variabilité annuelle ; cette dernière est directement associée aux émissions naturelles, qui comptent pour près de 60 % des émissions totales de ce gaz. Ce sont les activités agricoles – en particulier l'utilisation intensive d'engrais azotés – qui sont responsables de la majeure partie des émissions anthropiques et de l'augmentation de N_2O dans l'atmosphère. Elles représentent environ 40 % des émissions, estimées à 15 Mt par an. N_2O est presque inerte dans la basse atmosphère, et son temps de vie est de cent quatorze ans. Son oxydation par l'oxygène atomique dans la haute atmosphère joue cependant un rôle capital et constitue la principale source d'oxydes d'azote NO_x dans cette région. L'augmentation de N_2O dans l'atmosphère est responsable d'un forçage radiatif global de 0,15 $W.m^{-2}$.

La plupart des composés halogénés, qui libèrent des atomes de chlore ou de brome dans la haute atmosphère, sont doublement nocifs : ils participent à la destruction de l'ozone stratosphérique et sont de puissants gaz à effet de serre. Ces constituants, rappelons-le, sont en général d'origine purement anthropique, comme les CFC. Leur concentration a rapidement augmenté après la Seconde Guerre mondiale, lorsque leur production et leur utilisation se sont généralisées, que ce soit comme gaz propulseurs dans les aérosols ou comme réfrigérants. Depuis la signature du protocole de Montréal et de ses amendements, en 1987, la production des CFC, des halons et du CH_3CCl_3 a été arrêtée. La concentration des halogénés de plus courte durée de vie comme le CH_3CCl_3 (4,8 ans), le CFC-11 (45 ans) ou le CFC-113 (85 ans) a commencé à diminuer dès les années 1990. Le taux d'augmentation d'autres CFC de plus longue durée de vie comme le CFC-12 (100 ans) ou le CFC-13

(640 ans) s'est également ralenti. En revanche, la concentration des HFC utilisés comme substituts de ces constituants a augmenté de manière exponentielle au cours des dix à vingt dernières années. Les plus abondants sont le HFC-23, le HFC-134a et le HFC-152a, qui sont d'efficaces gaz à effet de serre. Le forçage radiatif total associé à l'augmentation des CFC, HCFC, HFC et PFC dans l'atmosphère est de 0,34 $W.m^{-2}$.

L'ozone : un gaz climatique

La molécule d'ozone, constituée de trois atomes d'oxygène, est largement minoritaire dans l'atmosphère : on compte seulement trois à quatre molécules d'ozone sur un million là où sa concentration est la plus élevée, dans la haute atmosphère (la stratosphère). Plus près de nous, dans la basse atmosphère (troposphère), la proportion de ce constituant n'est plus que de quelques dizaines de milliardièmes, et ne représente que 10 % environ de la masse totale d'ozone dans l'atmosphère. L'ozone est pourtant le constituant clé de la chimie atmosphérique : il régit en particulier la teneur en oxydants de l'atmosphère et, par là même, la durée de vie et donc l'abondance de nombreux autres gaz à effet de serre, comme le méthane.

Grâce à son aptitude à absorber le rayonnement solaire ultraviolet et le rayonnement terrestre infrarouge, l'ozone est également un important gaz « climatique » : il permet le maintien de la vie sur Terre en empêchant le rayonnement solaire ultraviolet de courte longueur d'onde d'atteindre la surface ; et il est responsable d'un effet de serre additionnel représentant 20 à 25 % de la contribution du gaz carbonique ; il contrôle en outre la structure thermique de la stratosphère, au sein de laquelle il constitue la principale source d'échauffement en absorbant le rayonnement ultraviolet. L'ozone est donc un constituant essentiel de l'équilibre climatique de la haute atmosphère, toute évolution de sa concentration s'accompagnant de variations de la température et de la circulation atmosphérique.

Un exemple du couplage entre l'ozone et le climat est donné par l'évolution de la température du vortex polaire, vaste structure dynamique stable située au-dessus du continent Antarctique qui a vu son contenu en ozone diminuer durant la dernière décennie en raison de l'action des composés chlorés et bromés. Dans cette région, la diminution d'ozone (constituant ce que l'on qualifie couramment de « trou dans la couche d'ozone ») peut atteindre plus de 50 % sur une superficie qui déborde largement du continent Antarctique et peut couvrir jusqu'à trente millions de kilomètres carrés. Le résultat de la réduction de l'ozone sur le climat de cette région est un refroidissement dans le vortex qui, au mois de novembre, peut atteindre 3 à 4 °C. Ces variations de l'ozone stratosphérique peuvent également modifier l'équilibre radiatif au sommet de la troposphère et avoir des répercussions sur la température au sol. Les dernières estimations indiquent que la réduction de l'ozone stratosphérique durant la dernière décennie serait responsable d'un forçage radiatif de – 0,15 $W.m^{-2}$.

Mais ce n'est pas tout. L'arrêt de l'utilisation des CFC consécutif à la mise en vigueur du protocole de Montréal de 1987 permettra au chlore de la stratosphère de diminuer progressivement et à l'ozone de revenir, à partir d'environ 2020, au niveau qu'il avait avant l'apparition du trou dans la couche d'ozone. Tout semble donc rentrer dans l'ordre. Cependant, l'échauffement de la surface de la basse atmosphère associé à l'augmentation du gaz carbonique s'accompagne d'un refroidissement dans la stratosphère. La chimie stratosphérique variant avec la température, un tel refroidissement n'est pas sans conséquence sur l'ozone; en effet, l'ozone stratosphérique est détruit par les cycles chimiques catalytiques faisant intervenir les espèces chlorées. Mais la destruction de l'ozone par le chlore à la surface des nuages stratosphériques ne se produit qu'aux très basses températures régnant dans le vortex polaire. Le refroidissement de cette région de l'atmosphère par le gaz carbonique peut donc nous réserver de mauvaises surprises et amplifier cette destruction par le chlore en dépit de la diminution progressive de celui-ci. Ce processus est, en tout cas, au moins capable de retarder la guérison du trou dans la couche d'ozone.

Le rôle de la chimie troposphérique

D'autres polluants peuvent contribuer indirectement aux perturbations climatiques au travers de processus photochimiques faisant intervenir, par exemple, la production d'ozone dans la troposphère. C'est le cas du monoxyde de carbone CO, des oxydes d'azote NO_x et des hydrocarbures (méthane et hydrocarbures supérieurs), qui sont qualifiés de « gaz à effet de serre indirect ». De 80 à 90 % du CO et des oxydes d'azote est émis lors de l'utilisation des combustibles fossiles (industrie, transports) et du brûlage de la biomasse (déforestation, bois de chauffage, feux de brousse). Des émissions de ces constituants au sol ou par des injections directes dans l'atmosphère (dans le cas des NO_x émis par les avions) conduisent à la production photochimique d'ozone dans les régions polluées et, par transport atmosphérique, contribuent à en augmenter le niveau de fond dans l'atmosphère loin des zones d'émission. La molécule d'ozone a un temps de vie relativement court dans la troposphère, de l'ordre de quelques semaines en moyenne, aussi la distribution de l'ozone troposphérique est-elle très variable dans l'espace et dans le temps, avec un caractère saisonnier fort et une distribution géographique hétérogène.

La concentration de l'ozone en surface est mesurée de manière presque routinière en de nombreux sites depuis plusieurs dizaines d'années. Un nombre très limité de sites fournissent également une estimation des niveaux d'ozone au cours du XIXe siècle. Bien que de précision relativement faible, les mesures qui avaient été effectuées à l'observatoire du parc Montsouris à Paris (de 1876 à 1909) ou à celui du pic du Midi (de 1874 à 1909) indiquent que l'ozone troposphérique semble avoir plus que triplé au cours du XXe siècle. La modélisation numérique nous offre également la possibilité de calculer les teneurs en ozone troposphérique au XIXe siècle. La simulation de la distribution de l'ozone de surface par ces modèles de chimie pour la période préindustrielle indique des valeurs de 5 à 10 milliardièmes durant toute l'année ; aujourd'hui, le maximum d'ozone calculé par ces mêmes modèles atteint plus de 60 milliardièmes en été au-dessus des régions polluées de l'hémisphère Nord (Amérique du Nord, Europe, Asie du Sud-Est).

Sur la base des différents modèles numériques utilisés, on estime que l'augmentation globale de l'ozone troposphérique a été de l'ordre de 30 % depuis le début de l'ère préindustrielle. Radiativement actif dans l'infrarouge, il a induit un forçage radiatif global évalué à 0,35 $W.m^{-2}$, contribuant ainsi à l'effet de serre additionnel à hauteur d'environ 10 à 15 %. L'incertitude sur cette valeur est importante, de l'ordre de 40 à 50 %, surtout à cause de notre méconnaissance de la distribution globale de l'ozone préindustriel. Lorsque l'ozone troposphérique augmente, cette augmentation se répartit différemment selon l'altitude; il est important de bien prendre ces différences en compte dans le calcul du forçage radiatif, car l'incidence de la présence de l'ozone varie aussi selon l'altitude: c'est dans la région de la tropopause qu'elle a le plus fort potentiel pour induire un changement climatique. Un calcul précis du forçage radiatif de l'ozone nécessite donc l'utilisation d'un modèle de rayonnement détaillé et la prise en compte de la distribution verticale de cette perturbation.

Les effets indirects de la photochimie troposphérique sont difficiles à évaluer à l'échelle globale. Ainsi, pour les constituants à courte durée de vie dans l'atmosphère (quelques heures, jours ou mois), tels CO, NO_x ou les hydrocarbures supérieurs, ce forçage radiatif indirect fait apparaître de fortes hétérogénéités spatiales et temporelles qu'il convient de prendre en compte pour étudier la réponse du système climatique. L'ozone et le radical OH jouant un rôle central en chimie atmosphérique, ils se retrouvent au cœur de nombreux forçages radiatifs indirects. Le forçage radiatif de l'ozone troposphérique est à ce titre un effet indirect puisqu'il fait intervenir la chimie atmosphérique et non pas le rejet direct de l'ozone dans l'atmosphère. Une autre particularité du forçage radiatif indirect associé aux précurseurs de l'ozone troposphérique concerne l'importance de la localisation des émissions : l'émission d'une quantité donnée de précurseurs aura un impact différent sur la chimie (et donc sur le climat) selon qu'elle surviendra dans les régions tropicales ou aux latitudes moyennes. Dans le cas par exemple des oxydes d'azote, une émission localisée dans des régions tropicales asiatiques est cinq à six fois plus efficace pour produire de l'ozone – et donc pour participer à l'effet de serre – qu'un rejet équivalent effectué en Europe. Dans le cas du monoxyde de carbone CO, qui a un plus long temps de résidence dans l'atmosphère (environ deux mois en moyenne annuelle et globale), cette différence est moindre. Ce résultat revêt un caractère particulièrement important dans le cadre de l'évolution future des émissions et de la composition chimique de l'atmosphère. En effet, comme nous le verrons au chapitre 4, les émissions anthropiques sont susceptibles d'augmenter fortement dans les régions tropicales où la croissance démographique et les développements économiques sont en pleine expansion.

A l'exception de CO_2 et de H_2O, tous les gaz à effet de serre sont éliminés de l'atmosphère par des processus photochimiques. Les gaz CH_4, HFC, HCFC contenant un ou plusieurs atomes d'hydrogène, mais aussi d'autres polluants, comme le monoxyde de carbone ou les hydrocarbures supérieurs, sont majoritairement éliminés par le radical hydroxyle OH. Ce dernier est donc le principal agent nettoyant de l'atmosphère. L'abondance de OH dans la troposphère est elle-même contrôlée par la concentration de NO_x, de CH_4 et d'autres hydrocarbures, ainsi que de CO, O_3, H_2O et du rayonnement solaire ultraviolet atteignant la troposphère. Cette dépendance est très importante, car elle entraîne une variabilité géographique, diurne, saisonnière et même annuelle de OH. On comprend donc le rôle central joué par OH, puisque toute variation de ces paramètres agit sur le temps de vie des gaz à effet de serre dans l'atmosphère en entraînant une modification de OH.

Les aérosols atmosphériques

L'origine des aérosols, particules en suspension dans l'atmosphère, peut être naturelle ou liée aux activités humaines. Les plus grosses particules, dont la taille est comprise entre 1 et 10 μm (micromètres), proviennent soit de l'action mécanique du vent en surface, qui arrache des sels marins, des poussières ou des débris végétaux, soit des volcans. Les plus petites particules, dont la taille est inférieure à 1 μm, proviennent principalement de la condensation de gaz précurseurs des aérosols. Les principaux de ces précurseurs sont l'acide sulfurique H_2SO_4 (lui-même produit de l'oxydation du dioxyde de soufre SO_2 émis lors de l'utilisation des combustibles fossiles), les hydrocarbures supérieurs oxydés dans l'atmosphère, ou des composés azotés comme l'acide nitrique HNO_3 ou l'ammoniac NH_3. Les processus de combustion (dans les moteurs ou dans les feux) émettent également des particules de suie par condensation des produits de combustion.

Les aérosols, qu'ils soient d'origine naturelle ou anthropique, ont une forte incidence sur le bilan radiatif de l'atmosphère ; en particulier, lorsque leur taille est inférieure au micromètre, ils réfléchissent le rayonnement solaire incident, ce qui a pour effet de refroidir la colonne atmosphérique située sous eux. C'est notamment le cas des sulfates provenant de l'oxydation du dioxyde de soufre SO_2, qui ont un fort pouvoir de réflexion. Les particules noires de « carbone suie » (ou noir de carbone) émises lors de l'utilisation des combustibles fossiles et par les feux de biomasse ont, quant à elles, des propriétés d'absorption qui les distinguent des autres aérosols. L'effet radiatif direct des aérosols atmosphériques dépend de leur concentration dans l'atmosphère, de leurs propriétés optiques (et donc de leur nature), ainsi que de la géométrie du rayonnement incident par rapport à la couche qu'ils constituent. Ainsi, par exemple, le forçage radiatif direct des sulfates, qui s'exerce depuis la période préindustrielle, est estimé en moyenne globale à – 0,40 $W.m^{-2}$. Le temps de résidence des aérosols dans l'atmosphère est limité à quelques jours ; ils sont rapidement éliminés, soit par voie de sédimentation pour les plus grosses particules, soit par les précipitations pour les autres. L'impact des aérosols sur le climat a donc un caractère très régional, localisé principalement autour des zones sources (Amérique du Nord, Europe, Chine) ; il disparaîtrait rapidement si les émissions étaient interrompues.

Les particules de carbone provenant de l'utilisation des combustibles fossiles et de la combustion de la biomasse (feux de forêt et de savane, utilisation du bois de chauffage et déchets agricoles) constituent une partie importante de la quantité d'aérosols anthropiques injectés dans l'atmosphère. Ces particules se présentent soit sous forme de carbone suie, soit sous forme de carbone organique. Cette distinction est importante, car le carbone organique réfléchit le rayonnement et induit un forçage négatif (comme les sulfates), alors que le carbone suie est principalement absorbant, ce qui a pour effet principal d'échauffer les couches atmosphériques où il est présent. Depuis la période préindustrielle, le forçage du carbone suie issu de l'utilisation des combustibles fossiles (essentiellement dans l'hémisphère Nord) est de 0,2 $W.m^{-2}$, tandis que le forçage associé au carbone organique est, quant à lui, estimé à $-0{,}10$ $W.m^{-2}$. Dans le cas de la combustion de la biomasse, particulièrement importante dans les régions tropicales (Afrique, Amérique du Sud, Asie du Sud-Est), une estimation de $-0{,}2$ $W.m^{-2}$ a été retenue. Mais ces valeurs sont soumises à de grandes incertitudes.

Les poussières désertiques, qui font aussi partie des aérosols, ont à la fois un effet négatif (diffusion du rayonnement visible) ou positif (absorption dans l'infrarouge) ; la contribution anthropique, liée à la désertification et à l'utilisation des sols, est très difficile à estimer. En outre, les caractéristiques de ces poussières rendent leur effet radiatif extrêmement difficile à évaluer, au point que le signe même du forçage est incertain, avec des estimations comprises entre $-0,6$ W.m^{-2} et $+0,4$ W.m^{-2}.

L'effet indirect des aérosols sur le climat est lié à l'interaction entre ces particules et le cycle hydrologique, selon deux processus distincts. Le premier est lié aux modifications du pouvoir réfléchissant des nuages, et au fait que les aérosols, qui agissent comme noyaux de condensation pour les gouttes d'eau nuageuses, peuvent modifier la microphysique, les propriétés optiques et le temps de vie des nuages. Pour une même quantité d'eau liquide, la taille des gouttelettes nuageuses formées diminue lorsque la concentration en particules croît. La diffusion du rayonnement par le nuage et son pouvoir réfléchissant augmentent alors. Pour l'ensemble des aérosols, le forçage radiatif associé est estimé à -1 W.m^{-2}, avec une plage d'incertitude considérable (de 0 à -2 W.m^{-2}) et une forte hétérogénéité spatiale. Le second effet indirect résulte du fait que, lorsque la taille des gouttelettes nuageuses décroît, leur durée de vie dans le nuage augmente ; dès lors, c'est le temps de vie du nuage lui-même qui est modifié. Certains travaux suggèrent que ce second effet indirect pourrait être au moins aussi important que le premier.

Le forçage radiatif naturel

Depuis les années 1970, les mesures satellitaires ont permis de mettre en évidence une variation d'environ 0,08 % de la luminosité du Soleil, cette variation correspondant à un forçage radiatif de 0,2 $W.m^{-2}$. L'utilisation de divers indicateurs, comme le nombre de taches solaires, a permis d'en reconstruire l'évolution depuis le début du XVIIe siècle. Depuis 1750, le forçage radiatif aurait augmenté de 0,3 $W.m^{-2}$, cette augmentation étant beaucoup plus importante (de l'ordre de 1 $W.m^{-2}$) lorsqu'on se réfère à la période du minimum de Maunder, caractérisée, au XVIIe siècle, par une très faible activité solaire.

Les modifications récentes de la luminosité solaire sont trop faibles pour pouvoir affecter directement le climat de manière significative. Des effets indirects pouvant amplifier ces variations ont été proposés, mais ils restent très spéculatifs. En particulier, le flux lumineux solaire total, qui intègre toutes les longueurs d'onde du spectre solaire, ne varie que de quelques millièmes. Cependant, les mesures satellitaires montrent que ce changement est plus important aux longueurs d'onde correspondant au rayonnement ultraviolet, qui peuvent varier de plus de 6 % pendant certaines phases du cycle solaire. A ces longueurs d'onde, le rayonnement est principalement absorbé par l'ozone dans la haute atmosphère, ce qui conduit à un échauffement atteignant 12 °C par jour à 50 km d'altitude. La réponse de l'ozone à de telles variations du flux solaire et les conséquences sur la température de l'atmosphère et sur le climat en général restent encore à quantifier.

Enfin, le rejet sporadique d'aérosols volcaniques représente également un forçage radiatif pouvant être significatif lors d'éruptions majeures. A haute altitude, les particules rejetées par les volcans peuvent rester en suspension dans l'atmosphère pendant une année ou plus, et refroidir le système climatique en renvoyant le rayonnement solaire vers l'espace. Ainsi, en 1991, lors de l'éruption du mont Pinatubo, aux Philippines, l'injection de particules a été responsable d'un forçage radiatif estimé à -3 W.m^{-2}. D'autres éruptions volcaniques majeures ont également été relevées entre 1880 et 1920, et entre 1960 et 1991 ; dans tous les cas, elles induisent des forçages compris entre -1 et -3 W.m^{-2}, et perturbent le système le plus souvent pendant quelques mois – rarement plus d'une année.

Le bilan de l'Anthropocène

Les différents forçages anthropiques ont donc nettement pris le pas sur ceux, d'origine purement naturelle, liés à l'activité solaire ou à celle des volcans. Une synthèse de l'ensemble des données que nous venons de présenter s'impose, tant les effets des gaz à effet de serre et des aérosols sont multiples. Ceux de ces gaz dont la durée de vie dans l'atmosphère est supérieure à dix ans exercent un forçage radiatif total et global de 2,4 $W.m^{-2}$; le CO_2 y contribue à lui seul pour 60 %, le méthane pour 20 %, le N_2O pour 6 % et les constituants halogénés pour 14 %, les incertitudes sur ces valeurs étant estimées à 10 %.

La prise en compte de l'ozone troposphérique conduit à une valeur totale de 2,8 $W.m^{-2}$ et ramène la contribution relative du CO_2 à 52 %, soit un peu plus de la moitié de la perturbation. L'autre moitié de ce forçage est intimement liée à la chimie atmosphérique qui, nous l'avons vu, fait intervenir de nombreux constituants chimiques et gaz réactifs provenant de sources diverses, et dont les processus de production et de destruction, complexes, sont souvent difficiles à calculer.

L'effet combiné de ces différents gaz sur le climat est actuellement aussi important que la perturbation associée au CO_2. Parmi ces agents intervenant dans les perturbations climatiques, les aérosols jouent un rôle majeur. Bien que leur temps de vie dans l'atmosphère soit court, les forçages négatifs (ou positifs dans le cas des aérosols absorbants) dont ils sont responsables semblent considérables. Les perturbations dues aux gaz réactifs comme l'ozone et, surtout, aux aérosols sont particulièrement difficiles à quantifier à l'échelle globale et présentent des variations géographiques et temporelles très importantes.

Il est à noter que de nombreux constituants n'ont pas d'effet climatique direct majeur et ne sont donc pas inclus dans les régulations visées par le protocole de Kyoto. Pourtant, les perturbations radiatives indirectes associées par exemple aux gaz précurseurs de l'ozone troposphérique sont également à prendre en compte ; aussi devraient-elles être considérées dans ces réglementations, sous peine de voir leur contribution relative au CO_2 augmenter dans le futur.

4

Du XXe au XXIe siècle et au-delà

Les modifications anthropiques de la composition chimique de l'atmosphère sont d'ores et déjà suffisamment importantes pour que se posent désormais non pas une mais deux questions, à la fois intimement liées, mais très différentes quant à leurs implications : le climat s'est-il déjà modifié ? et va-t-il changer dans le futur ?

Un lecteur non spécialiste, confronté pour la première fois au dossier climatique, est inévitablement conduit à penser que la première question mène à la seconde : il paraît naturel d'essayer de diagnostiquer comment le climat a déjà changé dans le passé pour prévoir, par extrapolation, comment il va changer dans le futur. Mais les choses sont en fait très différentes. Nous retrouvons ici une idée que nous avions évoquée au moment de l'étude des paléoclimats : si cette étude est indispensable pour comprendre le fonctionnement du système climatique, elle ne constitue pas un guide suffisant pour comprendre ou prévoir le futur. Car rien ne se répète à l'identique. Ainsi, le climat du XXe siècle a subi des influences diverses : augmentation non seulement des gaz à effet de serre, mais aussi des aérosols et de la déforestation. Ces effets anthropiques s'ajoutent à ceux liés à la variabilité naturelle du système climatique et à des facteurs externes tels que les variations d'ensoleillement. Il est très difficile de tirer parti d'une situation aussi complexe pour, par exemple, déterminer une valeur fiable de la sensibilité du climat.

Au contraire, le climat du XXIe siècle sera très probablement marqué par un effet dominant, celui des gaz à effet de serre, dont l'accumulation va créer une perturbation d'une ampleur trop grande pour pouvoir être masquée ou compensée par les autres effets que nous avons cités. Il n'est donc pas possible d'extrapoler simplement la situation du XXe au XXIe siècle : le lien ne peut se faire qu'au travers de modèles numériques qui permettent de mieux cerner l'importance des différents processus impliqués.

L'évolution du climat au-delà de 2100 est très largement tributaire de l'attitude de nos sociétés au cours du XXIe siècle, des efforts qui auront ou n'auront pas été entrepris pour stabiliser l'effet de serre, et du niveau de cette éventuelle stabilisation. Mais nous verrons que, même si cet objectif de stabilisation est atteint – et il est déjà fort ambitieux du point de vue de la maîtrise des émissions de gaz carbonique –, l'inertie thermique de l'océan est telle que la température continuera à croître pendant quelques dizaines d'années, et le niveau de la mer à s'élever pendant plusieurs siècles. En outre, les risques de

« surprise climatique » augmenteront à mesure que l'on s'éloignera des conditions climatiques actuelles.

Un XXe siècle complexe portant déjà la trace des activités humaines

Depuis le début du XXe siècle, un réchauffement manifeste, sur lequel nous sommes bien documentés, a permis de caractériser l'évolution du climat de manière presque quantitative. Nous avons déjà souligné, dans le premier chapitre, les incertitudes inhérentes à un tel travail, mais aussi les précautions qui ont été prises dans le traitement des données.

Dans cet examen approfondi de l'évolution du climat au cours du XXe siècle, observation et modélisation sont intimement liées : il n'y a pas moyen de tirer vraiment parti d'un réseau de mesures nécessairement incomplet sans avoir aussi recours aux lois de la physique. De fait, toutes les informations auxquelles nous avons accès proviennent de données analysées. Grâce à ces analyses, et malgré les modifications incessantes du réseau de mesure et de surveillance de la planète, nous pouvons évaluer des tendances dans l'évolution des paramètres climatiques.

Au bout du compte, on peut conclure que le XXe siècle a été caractérisé par un réchauffement global de 0,6 °C environ, particulièrement marqué depuis les années 1970. La dernière décennie a probablement été la plus chaude du dernier millénaire. Jusqu'à aujourd'hui, l'année la plus chaude au niveau de l'ensemble de la planète a été 1998 – une année « El Niño » caractérisée par des températures au-dessus de la normale sur une partie de l'océan Pacifique –, suivie de 2002, puis de 2003. A l'échelle de la France métropolitaine, c'est 2003 qui, avec son été caniculaire, a battu tous les records climatiques.

Ces résultats sont cohérents avec l'évolution d'un certain nombre d'autres indicateurs : recul général des glaciers de montagne, amincissement de la banquise arctique, recul du pergélisol (sol gelé en permanence) au Canada et en Sibérie, évolution progressive des dates des vendanges ou de la floraison. L'idée que le climat a déjà changé est donc avérée. A l'inverse, la sensation que le nombre de catastrophes ou d'événements météorologiques extrêmes a lui aussi beaucoup augmenté au cours des dernières années relève probablement davantage d'un effet de mémoire sélectif et reste le plus souvent impossible à démontrer.

Attribuer la part de ce réchauffement climatique et de ses impacts à l'augmentation de la concentration des gaz à effet de serre demeure, pour le moment, une tâche difficile. Pour essayer de rendre cette cause objective, on utilise des méthodes statistiques qui lient la structure spatiale des modifications observées à celle qui est fournie par les modèles. Les diverses études menées ces dernières années ont montré que, pour la première moitié du XXe siècle, le réchauffement observé peut être expliqué de manière plausible à partir de l'influence de facteurs naturels : changement d'insolation, volcanisme, fluctuations résultant des interactions dynamiques entre atmosphère et océan. En revanche, le réchauffement des dernières décennies échappe à toute interprétation facile de ce type. Il faudrait, pour y parvenir, imaginer par exemple qu'une éventuelle petite perturbation des flux solaires ait été fortement amplifiée par des mécanismes qui restent encore à mettre en évidence de manière probante. La croissance de l'effet de serre n'est pas seulement l'interprétation la plus simple et la plus directe de l'évolution récente et actuelle du climat : c'est probablement aussi la seule.

L'évolution future de la composition atmosphérique

La prévision des climats futurs ne se fait donc pas par extrapolation des tendances récentes, mais s'appuie sur une démarche de modélisation aussi rigoureuse et stricte que possible. En premier lieu, il est nécessaire de prévoir l'évolution de la teneur atmosphérique en gaz à effet de serre. Une seconde étape consiste à modéliser l'effet de ces changements de la composition de notre atmosphère sur le climat.

L'évolution de la composition de l'atmosphère est trop complexe pour être complètement prévisible, d'autant plus que l'homme en est partie prenante, et qu'il reste en principe maître des décisions qui peuvent modifier fortement le cours des choses. La notion clé qui sous-tend cette démarche est celle de « scénario ». Les scénarios élaborés décrivent des futurs envisageables, établis autour d'hypothèses aussi cohérentes que possible, mais sans hiérarchie permettant de distinguer ceux qui sont plus ou moins probables.

Dans les années 1970 et 1980, des scénarios conceptuellement très simples ont été proposés. Ils permettaient de fournir des repères utiles et de comparer l'ensemble des modèles climatiques disponibles dans des conditions strictement définies. Le doublement du rapport de mélange en CO_2 atmosphérique par rapport à sa valeur pré-industrielle correspond à un tel scénario. Plus exactement, afin de tenir compte de l'ensemble des gaz à effet de serre, on utilise la notion d'« équivalent-carbone » : celle-ci désigne le rapport de mélange en gaz carbonique qui conduirait au même forçage radiatif que celui dû à l'addition du gaz carbonique et des autres gaz à effet de serre. Ainsi, la valeur de l'équivalent carbone est toujours supérieure à celle du rapport de mélange en dioxyde de carbone. Le rythme actuel de croissance, voisin de 1 % par an en termes d'équivalent carbone, situe ce doublement vers 2050.

Ce scénario a été pris pour référence à une époque où la communauté scientifique ne disposait encore que de modèles utilisant un océan simplifié, limité à sa couche de surface. Ces modèles étaient alors amenés à l'équilibre (c'est-à-dire en l'état où les pertes et les gains radiatifs s'équilibrent). Dans la réalité, cet équilibre est susceptible de se produire avec un retard de l'ordre de la décennie, du fait de l'inertie thermique de l'océan. L'ensemble des groupes scientifiques qui développent des modèles climatiques ont réalisé cet exercice – et continuent de s'en servir comme d'un test de référence chaque fois qu'une nouvelle version d'un modèle est mise en place. Les modèles montrent tous un réchauffement, mais d'une intensité variable, se situant dans une fourchette allant de 1,5 à 5 °C environ. Nous verrons que cette fourchette, qui ne donne pas le sentiment de se réduire avec le temps, traduit l'existence de processus d'amplification qui sont difficiles à modéliser.

Au cours de la dernière décennie, des prévisions plus réalistes, capables de mieux rendre compte des divers futurs possibles, ont été mises en place. Les hypothèses sous-jacentes sont aussi plus nombreuses. L'estimation de l'évolution future de la composition chimique de l'atmosphère et des forçages radiatifs associés s'appuie désormais sur l'utilisation de scénarios d'émissions futures de l'ensemble des gaz à effet de serre et des aérosols, scénarios formulés à partir d'hypothèses socio-économiques explicites. Ces émissions sont directement liées à la croissance démographique et au développement économique des différentes régions du monde; elles dépendent également des choix qui seront faits en matière de politique énergétique et des progrès technologiques qui seront réalisés. Les économistes du GIEC ont ainsi préparé un ensemble de scénarios d'évolution qui, jusqu'à l'horizon 2100, permettent de prendre en compte ces incertitudes et de couvrir une large gamme d'évolutions possibles.

Les premières versions de ces scénarios datent de 1990 et 1992, et une série de scénarios actualisés ont été utilisés pour le rapport du GIEC. Au total, quarante scénarios ont été préparés pour, finalement, construire six scénarios de référence dont les principaux paramètres de contrôle sont la croissance démographique, les développements économiques et sociaux, et les choix technologiques. Différentes évolutions de ces paramètres ont été choisies et combinées en vue de construire les six scénarios de référence, qui ont été regroupés en quatre familles.

Les scénarios A1 décrivent un monde dont la population et l'économie croissent très rapidement pour culminer au milieu du XXIe siècle (avec 8,7 milliards d'habitants en 2050 et 7,1 en 2100), cette croissance s'accompagnant d'une rapide introduction de nouvelles technologies. Cet ensemble de scénarios inclut également une réduction des inégalités économiques, sociales et culturelles par habitant. Au sein de cette famille, trois groupes technologiques apparaissent : utilisation intensive des énergies fossiles (A1FI), utilisation prioritaire des ressources énergétiques non fossiles (A1T) et une option équilibrant ces deux cas extrêmes (A1B).

La famille A2 se caractérise par une plus grande hétérogénéité économique et technologique du monde. En conséquence, la croissance démographique est moins contrôlée (15,1 milliards d'habitants en 2100) et les développements économiques et technologiques s'opèrent plus lentement et de manière moins uniforme.

Les scénarios B1 envisagent une évolution de la démographie similaire à la famille A1. Les structures économiques y évoluent rapidement vers une économie de services et d'information, et vers l'introduction de technologies propres et énergétiquement efficaces. L'accent est mis sur des solutions globales pour l'économie, le social et le développement durable, incluant une plus grande équité entre les différentes régions.

Enfin, bien qu'également orientée vers la protection de l'environnement et l'équité, la famille B2 met l'accent sur les solutions régionales à apporter aux problèmes économiques et sociaux, et sur le développement durable. L'augmentation de population est intermédiaire entre les familles A1 et A2 (10,4 milliards d'habitants en 2100) et les développements économiques et technologiques sont moins rapides que ceux des familles A1 et B1.

Ce travail de construction de scénarios ne constitue en aucun cas une prévision des émissions de gaz à effet de serre et d'aérosols à venir, mais doit plutôt être vu comme un exercice visant à couvrir l'ensemble des possibles. Une fois ces émissions définies, les rapports de mélange atmosphérique sont calculés en utilisant des modèles qui en tiennent compte et intègrent également les mécanismes de destruction de ces gaz dans l'atmosphère, présentés dans le chapitre 3 (absorption par l'océan et par la végétation dans le cas du gaz carbonique, réactions photochimiques dans le cas des composés chimiquement actifs). Dans le tableau 1

(p. 126), nous avons indiqué les rapports de mélange qui seraient atteints pour quatre des six scénarios de référence : celui qui contribue le plus à l'effet de serre additionnel, A1FI, le plus « économe », B1, et deux scénarios intermédiaires, A2 et B2.

On voit que, même avec le scénario le plus économe, d'ici la fin du siècle, le rapport de mélange en CO_2 aura pratiquement doublé par rapport à sa valeur préindustrielle ; et il aura été multiplié par un facteur 3,5 dans le cas extrême. Les émissions de CO_2 fossile sont de 4,2 GtC dans le premier cas et de 28,2 GtC dans le second ; et cela est sans surprise : si les émissions sont élevées, il en est de même pour les rapports de mélange. Rappelons que le CO_2 a un long temps de résidence dans l'atmosphère. Même dans l'hypothèse optimiste d'une réduction de ses émissions au cours de la seconde moitié du XXIe siècle (scénario B1), son rapport de mélange continuera à augmenter inexorablement pour ne diminuer que durant le XXIIe siècle ! Le rapport de

Gaz à effet de serre	Temps de résidence (en années)	Période préindustrielle	2000	2100			
				B1	B2	A2	A1FI
CO_2 (millionièmes)	120	280	367	540	611	836	958
CH_4	12	700	1 760	1 574	2 973	3 731	3 413
N_2O	114	270	316	375	362	447	460
CF_4	50000	0	0,082	0,208	0,384	0,397	0,341
C_2F_6	10000	0	0,003	0,011	0,022	0,023	0,020
SF_6	3 200	0	0,005	0,035	0,044	0,065	0,056
HFC-23	260	0	0,015	0,032	0,034	0,033	0,034
HFC-32	5	0	0	0,008	0,017	0,020	0,020
HFC-125	29	0	0	0,058	0,102	0,107	0,134
HFC-134a	13,8	0	0,012	0,379	0,835	0,877	0,899

mélange du CH_4 pourrait, lui, dans le pire des cas, être multiplié par 5 par rapport à la valeur qu'il avait il y a deux cents ans ; et, dans le meilleur des cas, diminuer légèrement par rapport à sa valeur actuelle. Les augmentations sont moins impressionnantes dans le cas du N_2O qui pourrait néanmoins voir son rapport de mélange augmenter de près de 50 %.

Le tableau 2 (p. 128) nous indique ce à quoi ces différents scénarios d'évolution des rapports de mélange des gaz à effet de serre conduisent en termes de forçage radiatif ; en outre, ce tableau tient compte des composés halogénés qui, notamment au travers des

Tableau 1. Évolution des rapports de mélange des gaz à effet de serre de longue durée de vie dans l'atmosphère depuis la période préindustrielle jusqu'en 2100 sur la base de quatre des six scénarios de référence du GIEC (en millionièmes pour le CO_2 et en milliardièmes pour les autres gaz, c'est-à-dire en nombre de molécules présentes respectivement sur un million ou sur un milliard de molécules d'air).

produits dits de substitution (HFC, PFC), ajoutent entre 5 et 10 % à cette augmentation du forçage radiatif. Sur cette base, le forçage radiatif additionnel en 2100 pour les gaz à

Constituant	Actuel/ préin- dustriel	2100/actuel			
		B1	B2	A2	A1FI
CO_2	1,46	2,06	2,73	4,42	5,15
CH_4	0,48	−0,07	0,51	0,59	0,51
N_2O	0,15	0,17	0,14	0,36	0,40
Halogénés	0,34	0,13	0,27	0,29	0,29
O_3 tropo-sphérique	0,35	−0,16	0,43	0,87	0,89
Sulfates	−0,40	0,25	0,12	0,05	0,17
Carbone suie	0,20	−0,20	0,44	0,56	0,65
Carbone organique	−0,30	0,25	−0,54	−0,70	−0,82

Tableau 2. Évolution de l'augmentation du forçage radiatif des principaux gaz à effet de serre et des aérosols entre la période préindustrielle et aujourd'hui, et entre aujourd'hui et 2100, sur la base de quatre des six scénarios de référence du GIEC (en $W.m^{-2}$).

effet de serre de longue durée de vie varie de 2,3 W.m^{-2} (B1) à 6,3 W.m^{-2} (A1FI).

Des modifications affecteront également la composition de l'atmosphère en gaz réactifs. En particulier, l'ozone troposphérique pourra être perturbé de manière significative en réponse à la modification de ses précurseurs. Le tableau 2 montre que l'augmentation prévisible de l'ozone troposphérique induit un forçage radiatif additionnel pouvant atteindre 0,89 W.m^{-2} en 2100. Comme nous l'avons vu au chapitre précédent, contrairement aux gaz à effet de serre de longue durée de vie, cette augmentation présentera des hétérogénéités importantes. Dans les régions à forte croissance démographique et à développement économique rapide (Inde, Chine, Afrique subsaharienne, Amérique centrale et Amérique latine), elle pourrait atteindre plus de 40 milliardièmes à la surface. L'augmentation future des émissions de précurseurs dans ces régions en émergence est d'autant plus préoccupante que l'ozone est particulièrement sensible aux émissions survenant dans les zones tropicales. De plus, cette augmentation combinée à celle des aérosols risque de conduire à un problème majeur de qualité de l'air dans ces régions particulièrement peuplées, ce qui donne un caractère extrêmement préoccupant à cet aspect de l'évolution de la composition atmosphérique en espèces réactives. Par ailleurs, une diminution du rapport de mélange du radical OH lui est associée, ce qui entraîne une augmentation du temps de vie du méthane et de certains composés halogénés, et, par là même, contribue de manière indirecte au forçage radiatif.

Enfin, le tableau 2 fait état de prédictions d'évolution pour trois types d'aérosols : sulfates, carbone suie et carbone organique. Considérés dans leur ensemble (certains forçages diminuent, d'autres augmentent), ces aérosols ont une contribution directe modeste en moyenne globale, comprise entre $-0{,}82$ et $+0{,}65\,W.m^{-2}$ pour les composantes individuelles. Cependant, comme pour les gaz réactifs, l'effet régional des aérosols sur le forçage radiatif ou sur la qualité de l'air peut être considérable. De plus, comme nous l'avons mentionné, les effets indirects des aérosols sur les propriétés des nuages sont les plus difficiles à calculer et nous ne disposons pas d'estimations pour l'évolution future de cette composante. Certains travaux ont d'ailleurs suggéré que les aérosols carbonés émis massivement en raison de l'utilisation du charbon en Chine seraient largement responsables de la sécheresse sévissant dans ce pays depuis plusieurs années, en modifiant le cycle hydrologique et le régime des pluies.

La prise en compte de l'ensemble des contributions (gaz à longue durée de vie, ozone troposphérique et aérosols) montre que, selon le scénario envisagé par le GIEC, l'augmentation attendue du forçage radiatif à l'horizon 2100 peut varier d'un facteur 3, de 2,4 à 7,2 $W.m^{-2}$. Comme nous l'avons mentionné dans le chapitre 1, ces chiffres sont à comparer à celui de 240 $W.m^{-2}$ qui correspond à ce que reçoit actuellement la Terre par absorption d'énergie solaire. Le bilan énergétique de la planète a déjà été modifié de 1 % par les activités humaines. Les scénarios du GIEC nous prédisent, d'ici la fin du siècle, une nouvelle perturbation, au mieux équivalente, au pire trois fois plus importante, avec, nous le verrons, des conséquences majeures sur notre climat.

La composition chimique de l'atmosphère dans le futur est également susceptible d'être affectée par les changements climatiques eux-mêmes. Le largage possible du méthane contenu dans les sols gelés du Canada ou de Sibérie est un exemple possible, encore peu étudié. Les modifications du cycle du carbone constituent une autre source possible d'incertitude. Actuellement, la moitié du carbone injecté dans l'atmosphère y reste, et contribue à l'effet de serre anthropique, alors qu'une autre moitié est stockée dans la végétation continentale ou dans les océans (voir le chapitre 3). Il s'agit d'une forme naturelle de régulation des changements climatiques – qui est bien sûr prise en compte dans tous nos scénarios futurs. Mais que se passera-t-il si le réchauffement du climat affecte cet effet modérateur ? Deux simulations numériques, réalisées avec les modèles de l'Institut Pierre Simon Laplace (IPSL) en France et du Hadley Centre en Angleterre, ont montré qu'une amplification considérable des réchauffements prévus par le GIEC pouvait résulter de ces processus dont la compréhension est encore très incertaine.

La distribution géographique des effets du réchauffement

Nous avons mentionné qu'en cas de doublement du CO_2 par rapport à sa valeur préindustrielle, le réchauffement de la planète s'établirait à l'équilibre entre 1,5 et 5 °C environ, selon les modèles. Les simulations plus complexes prenant en compte l'ensemble des scénarios d'émissions définis par le GIEC, et utilisant une large variété de modèles atmosphériques couplés à des modèles océaniques, et donc soumis à l'inertie de ce dernier milieu, conduisent à une fourchette du même ordre à l'horizon 2100. Le dernier rapport du GIEC indique que, quels que soient le scénario et le modèle considérés, la température moyenne à la surface de la planète augmentera d'ici la fin du siècle d'une valeur minimum de 1,4 °C à une valeur maximum de 5,8 °C. Nous avons donc bien la certitude d'un réchauffement à venir, même si le facteur 4 de la variation de cette amplification prédite pour 2100 à l'échelle de la planète est, nous en convenons, très large. L'importance de ce facteur tient aux incertitudes associées à la prédiction du GIEC. Ces incertitudes sont en fait de deux types, qui jouent en gros chacun pour moitié dans ce facteur 4 : ce sont d'une part les incertitudes liées au comportement futur de nos sociétés (décrit, nous l'avons vu, par un spectre très large de scénarios), et d'autre part celles qui résultent de la complexité du système climatique, bien mise en évidence par cette comparaison des réchauffements prédits en cas de doublement de la concentration en gaz carbonique.

Face à ces chiffres, rappelons simplement qu'au dernier maximum glaciaire, il y a vingt mille ans, la température était, en moyenne, inférieure d'environ 5 °C à la température actuelle. Les moyennes et hautes latitudes étaient certes beaucoup plus froides que de nos jours, mais les régions tropicales et équatoriales étaient, elles, relativement peu affectées. Il n'y a aucune symétrie entre ce que serait un réchauffement moyen de 5 °C à la fin du siècle et les conditions du dernier maximum glaciaire, mais cette comparaison des changements moyens illustre bien qu'un tel réchauffement, envisageable dès la fin du siècle si nous n'y prenons garde, correspondrait à un véritable bouleversement climatique. Même le scénario intermédiaire

B2, synonyme d'une véritable maîtrise des gaz à effet de serre (les émissions de gaz carbonique redescendraient, en 2100, à leur valeur actuelle), conduit à un réchauffement moyen de 2,2 °C (avec un intervalle de 0,9 à 3,4 °C), soit près de la moitié de celui correspondant à ce changement climatique majeur qu'a connu notre planète.

Ces estimations globales cachent en outre des variations régionales beaucoup plus importantes. Pour simplifier, nous pouvons dire que, si les gaz à effet de serre sont bien mélangés dans toute l'atmosphère, leurs effets sont très différenciés selon les régions et selon les époques de l'année : ainsi, le réchauffement est plus important sur les continents, en hiver, et aux hautes latitudes. Prenons le cas du scénario B2 mentionné ci-dessus : selon lui, la température n'augmente que de 1 à 2 °C sur une large partie de l'océan mondial, mais de 2 à 4 °C en Europe de l'Ouest, et atteint, voire excède 8 °C d'augmentation dans les hautes latitudes de l'hémisphère Nord. Autre exemple, qui s'appuie sur une simulation du climat du XXIe siècle réalisée avec le modèle de l'IPSL : le réchauffement moyen est de 3 °C, proche de celui prédit par le scénario A2, mais il est plutôt compris entre 4 et 5 °C sur l'Europe de l'Ouest. L'importance accrue du réchauffement sur les continents, c'est-à-dire là où la plupart des hommes vivent, rend l'action de ces derniers sur le climat encore plus préoccupante.

Les variations du cycle hydrologique, qui constituent l'un des soucis majeurs associés à un changement climatique éventuel, sont plus difficiles à évaluer, mais capitales quant à leurs impacts potentiels. Les modèles montrent une tendance à l'augmentation des précipitations dans les régions de moyennes latitudes et dans les régions équatoriales, donc dans les zones déjà pluvieuses, cette tendance s'accompagnant de disparités régionales très marquées. Au contraire, les zones subtropicales semi-arides ainsi que le pourtour méditerranéen sont sujets à des risques importants et accrus de sécheresse. Dans la zone intertropicale, où l'impact hydrologique apparaît le plus fort, les modèles montrent des déplacements importants de la frontière entre zones sèches et zones humides, mais avec une localisation très imprécise de ces événements.

La confiance que l'on peut avoir vis-à-vis de ces résultats, malgré l'imprécision géographique qui les entoure, tient en grande partie à notre capacité à les expliquer au travers de processus bien identifiés. Prenons deux exemples de telles interprétations : ceux des modifications de température aux pôles et dans les régions intertropicales.

Le fait le plus marquant qui caractérise l'ensemble des simulations climatiques est l'amplification du réchauffement aux hautes latitudes. Une interprétation erronée consiste à attribuer cet effet à la diminution de la réflexion solaire qui résulte de la fonte de la neige ou de la glace. Si cet effet existe bien, il n'est certainement pas le plus important, car, si tel était le cas, comment pourrions-nous expliquer que cette amplification du réchauffement aux pôles soit plus importante en hiver, quand précisément la quantité d'énergie solaire que peut réfléchir la surface est au plus bas ? En fait, il s'agit d'un effet de répartition verticale du réchauffement dans l'atmosphère : aux latitudes intertropicales, le réchauffement est conduit vers les hautes couches par la convection nuageuse, alors qu'il est maintenu près du sol par un air de surface très dense et très stable aux hautes latitudes – il ne s'y dissipe donc pas. La force d'un tel argument est très grande : elle explique pourquoi les modèles se rejoignent sur l'essentiel en dépit de disparités régionales fortes, et donc pourquoi on peut leur faire confiance pour les grandes lignes des variations climatiques simulées.

L'accord des modèles se fait aussi pour dire que, dans un climat plus chaud, les régions pluvieuses le seront encore plus : cela s'explique comme une conséquence très directe de l'humidification de l'air, qui résulte elle-même d'un niveau de saturation en vapeur d'eau plus élevé quand la température est plus chaude. De même, l'accroissement des risques de sécheresse dans les régions semi-arides est présent dans toutes les simulations, et résulte de mouvements convectifs plus importants, qui amèneront certaines parcelles d'air à s'élever et à s'assécher plus fortement avant de redescendre dans les régions désertiques. Comme pour les variations de température, c'est la robustesse de ces mécanismes physiques, la capacité que l'on a de vérifier leurs principes de base – principes qui conditionnent aussi les variations climatiques à des échelles plus courtes, en particulier saisonnières – qui constituent la principale source de confiance dans la modélisation.

Le rôle des océans

Pendant longtemps, les « modélisateurs » du climat ont, par nécessité technique, fait l'impasse sur une partie du rôle de l'océan. Or ce rôle est considérable et ne peut plus être ignoré. Non seulement l'océan agit comme un accumulateur des changements climatiques, mais il est aussi très sensible aux modifications atmosphériques : une modification faible (de l'ordre de $1\,W.m^{-2}$) mais prolongée des flux d'énergie vers l'océan suffirait à faire croître la température de manière significative – et très peu réversible.

Dans le cadre du réchauffement de la planète, le chauffage dû à l'effet de serre est essentiellement confiné au-dessus de la thermocline permanente (c'est-à-dire au-dessus de la zone où la température moyenne de l'océan décroît brutalement avec la profondeur). Cette augmentation de l'écart des températures accroît la différence de densité entre les eaux chaudes de surface et les eaux plus froides du fond de l'océan, et tend à réduire encore les échanges entre elles.

Les régions de formation d'eau profonde, telle la mer de Norvège, font bien sûr exception : là, le chauffage de surface est enfoui dans le fond de l'océan par la convection océanique. Mais le phénomène peut être plus complexe : aux hautes latitudes, la convection correspond souvent à un mélange d'eaux de surface froides et salées, plus lourdes, et d'eaux profondes plus chaudes et plus douces, et donc plus légères ; le mélange réchauffe alors les eaux de surface. Et, dans un climat plus chaud, l'éventuelle augmentation des précipitations pourrait diminuer la salinité des eaux de surface, et donc leur densité ; le résultat serait alors une diminution de la convection avec, au final, un refroidissement de ces zones. On peut même craindre que ce processus ne conduise à un arrêt plus ou moins prononcé de la circulation thermohaline, c'est-à-dire de la circulation océanique planétaire qui résulte des différences de densité de l'eau de mer dans les différents océans. Ce risque est évoqué plus loin, car il est peu probable qu'il se produise au cours du XXIe siècle.

Une autre région clé est la partie est de l'océan Pacifique : quelques années par décennie, elle est affectée par le phénomène El Niño qui conduit à des températures plus chaudes que la normale. Le changement climatique semble favoriser, voire amplifier certains modes de variabilité naturelle, y compris El Niño, dont l'une des fonctions est précisément de « purger » l'excédent de chaleur de la zone équatoriale. Mais il le fait d'une manière qui reste difficile à préciser, d'autant plus que les modèles commencent seulement à le simuler de manière correcte.

Pourquoi de telles incertitudes ?

L'amplitude et, dans une certaine mesure, la distribution des effets climatiques sont très largement conditionnées par un ensemble de rétroactions atmosphériques.

La première d'entre elles est l'augmentation de la vapeur d'eau associée au réchauffement. La vapeur d'eau est le principal gaz à effet de serre qui induise un réchauffement de la température de surface : il s'agit donc d'une rétroaction positive. Cette rétroaction est présente dans tous les modèles, et elle a reçu des confirmations indirectes par la mesure satellitaire de l'effet de serre en ciel clair. Une incertitude notable reste associée au fait qu'une part importante du transport vertical de l'eau est assurée par la convection. Certains chercheurs, tel l'Américain Richard Lindzen, attirent l'attention sur le rôle prépondérant que pourrait jouer, au niveau radiatif, une augmentation de l'assèchement par la partie descendante des cellules convectives, comparée à l'humidification associée à leur partie ascendante. Ces hypothèses ne semblent pas confirmées par une analyse détaillée des variations saisonnières, qui constituent des exemples de changements climatiques un peu complexes, mais analysables au travers d'images ou de mesures procurées par différents satellites, tels les satellites météorologiques opérationnels (*Meteosat* pour la zone européenne). Elles restent néanmoins difficiles à rejeter complètement dans l'état actuel de la modélisation.

Un deuxième effet de rétroaction important est celui de la fonte de la neige ou des glaces de mer. Là encore, le caractère amplificateur de cet effet est peu contesté, car il conduit à diminuer l'albédo (c'est-à-dire le pouvoir réfléchissant du sol). Mais son amplitude est également incertaine du fait de la variété et de la complexité des processus impliqués : lorsque la neige fond, la variation de l'albédo dépend par exemple fortement du couvert végétal sous-jacent, de l'âge de la neige, de son état…

On ignore encore, en revanche, pour plusieurs autres effets de rétroaction, s'ils sont positifs ou négatifs (c'est-à-dire s'ils vont dans le sens d'une amplification de l'échauffement ou de sa réduction). Tout d'abord, la modulation des changements de température selon la hauteur de l'atmosphère peut modifier le rayonnement infrarouge terrestre émis vers l'espace. Ces changements jouent un rôle très sensible au niveau saisonnier. Ensuite, la façon dont interviennent les nuages est difficile à déterminer, même si la structure de la réponse des systèmes nuageux à un réchauffement commence à être comprise du point de vue qualitatif. Elle peut s'expliquer physiquement de manière simple : en général, la couverture nuageuse tend à augmenter dans les hautes couches de l'atmosphère, car, dans toutes les simulations, l'altitude de la tropopause augmente avec le réchauffement et entraîne avec elle le sommet des nuages convectifs « en enclume » et les cirrus qui leur sont associés. Au contraire, la couverture nuageuse diminue dans la troposphère, car l'augmentation de la température rend le niveau de saturation de la vapeur d'eau plus difficile à atteindre (or les nuages ne se forment que lorsque ce niveau est atteint). Par ailleurs, la nébulosité augmente dans la zone intertropicale de convergence, car la pluie y augmente, les alizés amenant en permanence de l'air plus chaud et plus humide depuis les zones subtropicales. Enfin les changements des propriétés microphysiques des nuages lors de la transition eau liquide-eau glace conduisent souvent à une augmentation de la nébulosité au-dessus de l'isotherme 0 °C. Tous ces effets sont maîtrisés qualitativement dans la génération récente des modèles, mais le signe des compensations qui s'exercent entre les modifications de superficie, d'altitude ou de composition des nuages est très variable selon les modèles, et peut conduire à des solutions quantitativement très différentes.

Quels impacts ?

Les incertitudes sur l'amplitude du réchauffement, sur ses caractéristiques géographiques, sur la modification de la répartition, de l'intensité et de la fréquence des précipitations, sur les événements extrêmes sont, nous l'avons vu, très importantes. Certains des impacts du changement climatique lié aux activités humaines peuvent cependant être cernés, tout au moins à l'échelle du XXIe siècle.

D'une manière générale, le problème réellement important est celui des conséquences régionales des changements climatiques, et des événements extrêmes qui peuvent y être associés. Cette description ne peut être directe, car elle est nécessairement d'essence statistique. La description des régimes climatiques au travers de modes d'oscillations propres empiriques prend ici une importance très précise. Sur l'Europe, par exemple, une grande part de la variabilité organisée du climat est associée aux modifications du mode lié à l'Oscillation Nord-Atlantique (NAO). De manière statistique, un certain nombre d'événements régionaux de forte amplitude (tempêtes récurrentes, hivers anormalement froids) sont associés à cette oscillation. Surveiller si l'augmentation de l'indice NAO constatée depuis quelques décennies se confirme, estimer d'après les modèles dans quelle mesure elle peut être associée à un début de réchauffement, constituent autant de manières d'aborder ces problèmes.

Une autre approche consiste à développer des modèles régionaux « pilotés » par des modèles de grande échelle. Sur l'ensemble des continents, le réchauffement se traduira par des températures maximales plus élevées, avec plus de journées chaudes et davantage de vagues de chaleur. Prenons le cas d'une projection réalisée avec le modèle de l'IPSL, qui prédit en 2100 un réchauffement planétaire moyen voisin de 3 °C. Ce réchauffement sera plus élevé sur la France métropolitaine et se traduira, dans la seconde moitié du XXIe siècle, par des températures d'environ 4 °C plus élevées qu'au cours de la dernière décennie. Environ un été sur deux sera alors plus chaud que l'été caniculaire de 2003. Une des conséquences, déjà perceptible, de l'amplification de ce réchauffement dans les hautes latitudes sera le recul du pergélisol avec des impacts sur les constructions urbaines ou rurales et sur les infrastructures (tels les oléoducs ou les routes) qui, pour certaines, reposent sur la glace.

Les impacts des modifications des précipitations sur l'hydrologie et les ressources en eau sont tout autant à craindre, sinon plus, que ceux liés au réchauffement. Ils seront très variables d'une région à l'autre. On peut ainsi s'attendre à l'augmentation des débits des cours d'eau aux latitudes élevées et en Asie du Sud-Est, et à leur diminution dans d'autres régions comme, par exemple, le bassin méditerranéen pendant l'été, dont certaines parties souffrent déjà de la sécheresse. A l'inverse, les risques d'inondation pourraient, l'hiver, augmenter dans la plus grande partie de l'Europe, dont la moitié des glaciers alpins pourraient disparaître d'ici la fin du siècle. Les sécheresses et les inondations associées aux épisodes El Niño devraient être plus intenses dans de nombreuses régions, et la variabilité des précipitations liées à la mousson d'été en Asie devrait être plus grande, avec le risque d'induire une augmentation de l'ampleur des inondations et des sécheresses.

La fréquence et l'intensité des cyclones tropicaux pourraient aussi être modifiées. Nous savons que ces cyclones ne se développent qu'au-dessus des eaux à plus de 27 °C. Toutefois, comme nous l'avons vu, dans les tropiques, le réchauffement simulé est maximal en altitude, ce qui tend à inhiber la naissance des cyclones. Il est donc difficile de faire une prévision exacte : on peut seulement penser que des régions qui ne sont pas habituellement touchées le seront dans un futur proche, ou que l'intensité des cyclones pourrait changer (par exemple, ils pourraient être moins nombreux, mais plus puissants).

Au-delà de ces aspects liés aux paramètres physiques du climat (température, précipitations, vents), le réchauffement climatique aura des impacts non seulement sur les écosystèmes naturels, dont certains sont menacés – glaciers, récifs coralliens, atolls, mangroves, forêts boréales et tropicales, écosystèmes polaires et alpins –, mais aussi sur l'agriculture, la santé humaine, le tourisme, l'industrie… Ainsi, même si la sécurité alimentaire ne devrait pas être globalement menacée, on craint une réduction générale des rendements potentiels des cultures dans la plupart des régions tropicales et subtropicales, et même dans les latitudes moyennes, si le réchauffement y excède quelques degrés (les rendements devraient en revanche y augmenter si le réchauffement est limité). Au niveau de la santé, nous avons mentionné les vagues de chaleur, souvent encore amplifiées par l'humidité et la pollution atmosphérique urbaine (à l'inverse, on prévoit une diminution de la mortalité hivernale aux latitudes moyennes et élevées). Le réchauffement devrait également se traduire par une augmentation du nombre de personnes exposées à des maladies à transmission vectorielle, c'est-à-dire transmises par un « vecteur », comme par exemple le moustique dans les cas du paludisme ou de la dengue. La biodiversité devrait également être affectée: dès 2050, un quart des espèces pourraient avoir disparu dans certaines régions.

Même si l'élévation du niveau de la mer, due à la dilatation de l'océan et, à un degré moindre, à la fonte des glaciers alpins (la contribution des calottes glaciaires du Groenland et de l'Antarctique devrait être négligeable d'ici 2100), affectera l'ensemble de la planète, ses impacts auront un caractère régional très marqué. L'élévation moyenne attendue d'ici 2100 reste relativement modeste – entre 9 et 88 cm, selon le scénario considéré et le modèle utilisé –, mais les effets pourraient être exacerbés dans les petites îles et les zones côtières de faible altitude si les tempêtes gagnent en fréquence ou en intensité par suite des changements climatiques. Même pour une élévation moyenne limitée à 40 cm pour les années 2080, on estime à près de 250 millions (contre 40 actuellement) le nombre de personnes qui, sans protection supplémentaire, seraient alors affectées par des inondations dans ces régions.

Au-delà de 2100

Les conséquences les plus redoutées des changements climatiques ne sont peut-être pas celles que nous venons de décrire, mais celles qui se produiront au-delà de 2100, date qui a constitué notre horizon de référence. Nous déclencherons ces conséquences de façon inéluctable si nous ne maîtrisons pas les émissions de gaz à effet de serre au cours des prochaines décennies. Le problème auquel nous faisons face est celui de l'inertie : il y a un retard de la réponse des systèmes, tant climatique que biologique ou humain, par rapport à un phénomène qui en perturbe le rythme d'évolution (cette inertie allant jusqu'à la persistance de la perturbation après l'élimination de sa cause).

Pour illustrer ce problème d'inertie, nous allons nous pencher sur le cas d'une stabilisation de l'effet de serre, stabilisation qui est l'objectif ultime de la convention sur le climat ratifiée en 1992 lors du Sommet de la Terre de Rio de Janeiro. Nous ne discuterons pas ici les aspects « politiques » de cette convention, mais ses conséquences purement scientifiques : quelles contraintes doivent être apportées aux émissions pour que l'effet de serre se stabilise en 2100, ce qui représente un espoir raisonnable ? et quelles en sont les conséquences ultérieures sur le système climatique ?

Pour ce qui concerne les gaz à effet de serre, le problème d'inertie est lié au temps pendant lequel ces gaz restent dans l'atmosphère avant de disparaître ou d'être échangés avec d'autres réservoirs. Ce temps peut être long puisque, par exemple, le gaz carbonique a une durée de vie d'environ cent vingt ans dans l'atmosphère. Tous les scénarios du GIEC misent sur une contribution relative plus importante du gaz carbonique au cours du XXIe siècle : sa contribution au forçage radiatif, qui est actuellement d'un peu plus de la moitié de celle due à l'ensemble des gaz à effet de serre à longue durée de vie, sera de l'ordre des trois quarts à la fin du siècle, quel que soit le scénario envisagé (voir le tableau 2, p. 128).

Cela est lié au fait qu'une partie seulement – environ la moitié – des 7 GtC émises par les activités humaines chaque année sous forme de gaz carbonique est absorbée soit par la végétation, soit par l'océan. Certes, à mesure que la concentration atmosphérique de ce gaz augmente, il en est de même pour les puits biosphérique et océanique, tout au moins dans un premier temps. Mais les modèles du cycle du carbone montrent que, au bout de quelques décennies, ces puits risquent de s'essouffler sérieusement, aussi bien pour la végétation que pour l'océan (les eaux chaudes dissolvent moins de gaz carbonique et le réchauffement ralentit la circulation océanique et donc la capacité de l'océan à transporter le gaz carbonique dissous vers les eaux profondes). S'il est établi que la photosynthèse est favorisée par l'augmentation de la concentration en gaz carbonique avec, à la clé, l'espoir d'un puits biosphérique de plus en plus important, d'autres effets (augmentation de la décomposition de la matière organique des sols, répartition différente des espèces...) annihilent l'absorption supplémentaire résultant d'une croissance plus importante de la végétation. Ils vont même au-delà, et l'on peut craindre que la végétation ne se transforme en source de gaz carbonique. La capacité cumulée d'absorption de l'océan et de la biosphère risque en fait de diminuer à partir du milieu du XXIe siècle.

Si l'on se place dans la perspective de la stabilisation de l'effet de serre, celle-ci passe en priorité par la stabilisation du rapport de mélange du gaz carbonique dans l'atmosphère, celui-ci étant le contributeur majeur à l'effet de serre additionnel. C'est la raison pour laquelle l'utilisation des combustibles fossiles – charbon, pétrole, gaz naturel – est au centre des débats sur le changement climatique. D'un point de vue purement comptable, cela requiert que les sources deviennent strictement égales aux puits. En fait, la capacité d'absorption des puits terrestres et océaniques naturels susceptibles de persister pendant des siècles ou des milliers d'années pourrait n'être que de 200 Mt par an.

Sans aller aussi loin dans le temps, les modèles du cycle du carbone nous disent quel doit être le niveau d'émission de gaz carbonique pour que, en 2100, nous soyons en route vers une stabilisation de l'effet de serre. Ceci dépend évidemment du rapport de mélange visé, mais, quelle que soit ce dernier, il faut que, à un moment donné dans le futur, les émissions annuelles redescendent au-dessous de leur valeur actuelle de 7 GtC/an. Si aucun effort n'était fait pour limiter les émissions de gaz à effet de serre, on atteindrait les 30 GtC/an. Si l'on se contente d'une stabilisation à 1 000 millioniėmes, ce qui, du point de vue du climatologue, est complètement déraisonnable, il faudra néanmoins que les émissions n'excèdent jamais 15 GtC/an, qu'elles soient déjà un peu redescendues en 2100, puis qu'elles reviennent au-dessous de leur niveau actuel dans deux siècles. Une stabilisation à 550 millionièmes, soit déjà le double du rapport de mélange préindustriel, requiert que les émissions ne dépassent pas 12 GtC/an en 2040, puis redescendent à leur valeur actuelle vers 2100, et à environ 2 GtC/an à la fin du XXIIe siècle. Et si nous nous assignons l'objectif plus raisonnable de 450 millionièmes, c'est dès 2020 que les émissions devront diminuer pour revenir à leur valeur actuelle en 2050, et à moins de 3 GtC/an à la fin du siècle. Entre le scénario maximum, avec ses 30 GtC/an, et celui, certainement souhaitable, d'une stabilisation à une concentration pas trop éloignée de sa valeur actuelle, c'est donc à terme un effort de l'ordre d'un facteur 10 qu'il faut réaliser. Le fossé est immense.

Cette inertie intervient également pour la température et, plus encore, pour le niveau de la mer. Plaçons-nous à un moment du futur où les rapports de mélange auront été stabilisés. La température moyenne de la planète continuera cependant à augmenter avec, suivant les cas, de 50 à 90 % du réchauffement réalisé à cause de l'inertie de l'océan de surface dont la température met du temps à s'équilibrer avec celle de l'atmosphère. Suivant le niveau de stabilisation de l'effet de serre, une fois l'équilibre atteint, la température pourrait avoir augmenté de 3 à 8 °C. Quant au niveau de la mer, l'inertie est beaucoup plus grande, car c'est l'océan dans son ensemble qui est impliqué dans le processus de dilatation thermique. Une fois les concentrations en gaz carbonique équilibrées, le niveau de la mer continuera à monter de façon quasi linéaire pendant plusieurs siècles : s'il est monté de 50 cm à la fin du siècle, il passera à plus de 2 m au milieu du millénaire. S'y ajoutera alors le risque non négligeable que la calotte du Groenland, située dans une région de haute latitude dans laquelle le réchauffement est amplifié, ne commence à fondre et ne contribue encore à l'élévation du niveau des mers pour quelques mètres supplémentaires.

Ces problèmes d'inertie à long terme mettent encore davantage en lumière l'importance d'une maîtrise des émissions de gaz carbonique, car une fois que la machine climatique sera lancée, rien ne pourra l'arrêter. En fait, nous sommes déjà victimes de cette inertie, puisque les émissions anthropiques, largement concentrées sur la seconde partie du XXe siècle, auront des effets dans les décennies à venir.

Au-delà de 2100, d'autres craintes se font jour. Les modèles couplés océan-atmosphère font état d'un risque éventuel d'arrêt de la circulation thermohaline. Ce phénomène, rappelons-le, s'est produit à maintes reprises dans le passé, y compris dans le climat très proche du nôtre qui prévalait il y a 8 200 ans. La plupart de ces modèles ne mettent en fait en évidence qu'un affaiblissement de cette circulation, sans faire état de sa disparition totale d'ici à 2100. Cette diminution d'intensité de la circulation amène un refroidissement local sur l'Atlantique Nord, mais le réchauffement, atténué, se poursuit en Europe par suite de l'accroissement des gaz à effet de serre. Dans un climat plus chaud, les fluctuations océaniques ne sont pas susceptibles d'entraîner un retour vers une période glaciaire, loin s'en faut, mais elles témoignent du caractère complexe, largement irréversible et durable des changements à venir.

Conclusion : le climat, entre science et société

Plusieurs livres ont déjà été écrits sur l'effet de serre. Nous avons cherché à placer la recherche scientifique, son histoire, ses difficultés conceptuelles, ses progrès encore en cours au cœur des chapitres précédents. En conclusion de cet ouvrage, il paraît donc naturel, et essentiel, de voir comment peuvent s'articuler les liens entre la recherche scientifique, les progrès continus de la connaissance, et le nécessaire débat public qui entoure les problèmes liés à l'évolution du climat. Les conséquences considérables d'une modification rapide du climat de la planète font que le scientifique ne peut plus, ne doit plus être l'acteur principal, les prises de décision devant intervenir à un niveau politique ou citoyen. Pour autant, la science et le débat scientifique doivent jouer un rôle essentiel que nous pouvons résumer en deux termes opposés.

D'une part, la science a un rôle indispensable, non seulement pour dresser un état des lieux aussi précis que possible, pour informer l'opinion publique, mais aussi pour aider à répondre aux questions nouvelles et nombreuses qui surgissent désormais et se renouvellent sans cesse : peut-on se protéger des changements climatiques ? peut-on comparer (et donc taxer équitablement) les différentes formes de rejets de gaz à effet de serre ? quand le niveau d'incertitude actuel sur les prévisions se réduira-t-il ? peut-on arriver à établir un diagnostic des puits de carbone liés à la plantation de forêts qui soit quantifiable de manière suffisamment incontestable pour être pris en compte lors de négociations internationales ? Certaines de ces questions ont un enjeu stratégique et financier fort, et le maintien d'une expertise scientifique nationale et internationale reconnue constitue un élément stratégique important.

D'autre part, le scientifique ne peut se substituer au citoyen ou au politique pour juger seul de ce qui est grave ou non. Une large proportion des conséquences possibles des changements climatiques non seulement ne pourra pas se mesurer par des coûts facilement exprimables en euros ou en dollars, mais aussi mettra en jeu des problèmes éthiques (quels sont les droits d'un insulaire pour que sa terre ne disparaisse pas ?), culturels (accepterons-nous une planète différente, sans banquise arctique en été, quelles qu'en soient les conséquences ?) ou politiques (quel arbitrage entre ce risque et d'autres, qui peuvent être de natures très différentes ?).

L'ambiguïté de la position de l'« expert » est de ce point de vue absolument constante et demande une grande vigilance. Il n'entre par exemple pas dans le rôle des climatologues (en tant que tels) de proposer que soient substitués aux risques liés aux gaz à effet de serre d'autres formes de risques échappant à leur domaine d'expertise, comme par exemple une diffusion internationale plus large du nucléaire. Par contre, comment pourraient-ils ne pas apporter à ce débat tous les éléments dont ils disposent ?

Un exemple illustre très bien le rôle que peuvent jouer les scientifiques dans la perception qui est faite par notre société des problèmes d'environnement global, et dans les solutions qui peuvent être mises en œuvre pour trouver une issue favorable à ces problèmes. Il s'agit du trou dans la couche d'ozone stratosphérique, qui apparaît chaque printemps au-dessus du continent Antarctique (voir le chapitre 3). Ce phénomène a été observé dès les années 1980 à partir des stations japonaises et britanniques situées sur place.

Alors que les scientifiques croyaient bien connaître la formation et la destruction de l'ozone dans la stratosphère, cette découverte éclata comme un coup de tonnerre et fut rapidement relayée par les médias. En quelques années, la théorie de la formation de ce trou dans la couche d'ozone fut élaborée et le rôle joué par les chlorofluorocarbures CFC clairement dénoncé. L'opinion publique, alertée par les médias, réclama des mesures efficaces pour lutter contre ce qui apparaissait comme une première catastrophe écologique planétaire.

Face à cette prise de conscience, le protocole de Montréal interdisant la production des CFC fut signé en septembre 1987 par les gouvernements des principaux pays producteurs et consommateurs de ces gaz, marquant ainsi une étape essentielle dans la perception des problèmes d'environnement global : en quelques années, sur la base d'observations scientifiques et grâce à une opinion publique sensibilisée par les médias, une volonté politique est apparue et a abouti à un accord de protection de l'environnement. Malgré des enjeux économiques majeurs pour une vingtaine d'industriels, des chaînes de production de produits de substitution aux

CFC ont été mises en place, en accord avec une nouvelle législation.

L'organisation de la communauté scientifique autour de cette problématique, le rôle actif joué par des chercheurs mandatés par cette communauté, l'apparition de pseudoscientifiques détracteurs de la théorie proposée pour expliquer la formation du trou dans la couche d'ozone, le rôle des médias et les âpres négociations internationales précédant la mise en place du protocole ne sont pas sans nous rappeler le problème soulevé par les changements climatiques. Mais l'analogie ne peut être poussée plus loin : les enjeux économiques de la lutte contre l'accroissement de l'effet de serre sont en effet beaucoup plus importants et complexes ; ils ne concernent pas une vingtaine d'industriels comme dans le cas des CFC, mais le mode de fonctionnement même de notre société. Le problème du trou dans la couche d'ozone constitue cependant une bonne illustration du principe de précaution appliqué à l'environnement global et du rôle que peuvent jouer les scientifiques dans ces débats.

Concernant les changements climatiques, la communauté scientifique a également dû trouver une forme d'organisation qui lui permette de délivrer son message de manière relativement rigoureuse. Le GIEC est né de ce souci. Son objet est d'organiser, tous les cinq à six ans, un état des lieux de la connaissance scientifique dans le domaine, qui se fonde sur les publications faites dans les revues scientifiques, et soumises à un comité de lecture.

Le GIEC a permis de dégager un consensus au sein de la communauté scientifique sur des points essentiels – le caractère quasi inéluctable des changements à venir, la probabilité désormais très forte que le réchauffement global des dernières décennies soit le signe avant-coureur des conséquences plus importantes attendues au XXIe siècle – sans jamais cacher les incertitudes importantes qui affectent la quantification de ces effets. Les garanties apportées par un tel système ne peuvent jamais être complètes, mais le GIEC a néanmoins cherché à s'entourer d'un maximum d'entre elles. Le rapport, rédigé par plus d'une centaine d'auteurs, est organisé en trois composantes – respectivement consacrées à la base scientifique du problème, au diagnostic de ses conséquences et à son contexte socio-économique –, sur la base de propositions faites par les différents gouvernements, mais aussi en fonction de l'expertise et de la notoriété des auteurs eux-mêmes. Les versions successives du rapport sont revues par l'ensemble de la communauté scientifique et par des experts gouvernementaux, des *review editors* étant chargés de vérifier la prise en compte (ou le refus argumenté) de leurs remarques. Le résumé rédigé à l'intention des décideurs ne peut contenir que des informations issues du rapport plus détaillé, et il est approuvé ligne à ligne en assemblée générale. Bien sûr, en science, ce n'est pas la majorité qui a raison, ce sont les faits… que nous ne connaîtrons complètement que plus tard. La démarche du GIEC reste de ce point de vue imparfaite, mais il n'en existe probablement pas de meilleure.

L'existence du GIEC n'a pas empêché que se produisent des débats, que ce soit au sein de la communauté scientifique ou à l'extérieur. Certains sont de nature parfaitement scientifique et sont tranchés (ou sont encore discutés) par la communauté scientifique elle-même : le rôle des rétroactions de la vapeur d'eau sur l'amplitude du réchauffement, la cohérence des différents diagnostics relatifs au réchauffement, la possibilité qu'une part du réchauffement constaté au XXe siècle soit d'origine solaire, tous ces thèmes donnent lieu à des débats au travers des journaux spécialisés de la discipline. Leur traduction pour un plus large public, leur détournement éventuel par des peudo-scientifiques (experts dans d'autres domaines, mais prenant part au débat public avec un statut flou favorisé par certains médias) posent un vrai problème.

C'est parce que la communauté scientifique est organisée qu'elle sait critiquer le travail des uns et des autres, demander des vérifications, croiser les calculs. Depuis un siècle ou plus, l'avancée des sciences et des techniques montre que cette démarche est globalement profitable à la connaissance. Si la communauté scientifique perd le respect du plus grand nombre et permet à n'importe quel contradicteur de jeter le soupçon sur sa démarche dans les grands médias nationaux, l'irrationnel le plus complet présidera au traitement de ces problèmes.

Mais il est une composante supplémentaire qu'il est nécessaire de voir participer à ces débats, et qui ne peut relever ni du GIEC, ni de la communauté scientifique, car c'est au niveau de questions du type : « Quelles mesures voulons-nous prendre ? » ou : « Comment apprécier la gravité des enjeux ? » que se fissure souvent le consensus. Il ne s'agit pas de remettre en cause le diagnostic scientifique, mais bien plutôt la variété de nos déterminants politiques, culturels, affectifs et religieux face à ces problèmes.

Que peut apporter la science à cette connaissance des aspects plus « sociétaux » du débat ? Tout d'abord, probablement, quelques faits « durs ». Par exemple, décider ou non de stabiliser la concentration en dioxyde de carbone de l'atmosphère n'est pas un choix scientifique, mais les scientifiques peuvent en éclairer l'enjeu : il s'agit de réduire par deux ou trois les émissions mondiales, et donc de revenir à un niveau proche de celui des années 1950. De même, si décider de ce qui est équitable relève d'une démarche avant tout politique, cela nécessite au préalable un diagnostic de ce que cela représente. Ainsi, par exemple, pour revenir à un taux d'émission par habitant de 0,5 tC/an, un Américain doit diminuer ses émissions d'un facteur 10 ou 12, un Européen d'un facteur 5 ou 6, et un Chinois ou un Indien rester à peu près stables. Mais ce diagnostic peut être modulé par la prise en compte du CO_2 déjà émis, de l'efficacité énergétique du charbon ou du pétrole brûlé, etc. La répartition des efforts peut aussi être fonction de celle des dommages attendus. Efforts et dommages étant susceptibles de dépendre très fortement de la vitesse à laquelle le changement climatique aura lieu – qui creusera l'écart entre les pays pauvres et les pays riches, la capacité d'adaptation de ces derniers à des conditions nouvelles étant très supérieure. Ils dépendent aussi d'une « inégalité climatique » que les modèles révèlent clairement : c'est dans les régions du Grand Nord (marquées par la fonte massive de neiges ou de glaces), dans les régions côtières (du fait de la montée des eaux) et dans les régions intertropicales (du fait de la perturbation du régime des précipitations) que les atteintes pourraient être les plus fortes.

Face à cette situation, nous avons besoin de décisions rapides. Le protocole de Kyoto a fourni les premières bases d'une action concertée à l'échelle de la planète, visant à éviter des formes « dangereuses » de l'évolution du climat. Mais nous devrons poursuivre cette action bien au-delà de la décennie en cours, et la connaissance scientifique jouera alors un rôle stratégique en procurant les informations qui permettront d'actualiser la démarche.

Le changement climatique naissant pose aussi la question de l'« attribution » de ce réchauffement à des causes précises : en clair, il pose le problème de la responsabilité. Les outils scientifiques de ce débat seront renouvelés : la génération actuelle des modèles numériques, par exemple, sera rapidement obsolète face aux outils plus précis que permettront d'élaborer des ordinateurs beaucoup plus puissants comme le Earth Simulator, capable de briser la barrière des échelles spatiales qui interdit aujourd'hui de représenter les mouvements convectifs autrement que sous une forme statistique. Ces modèles beaucoup plus détaillés pourront aussi être comparés, et validés par l'apport d'une variété sans précédent d'instruments satellitaires dont les données commencent à s'accumuler dans les centres de recherche. Quant aux données du passé, elles sont aussi en passe de nous fournir les informations permettant de distinguer avec plus de précision les différentes phases qui ont permis aux réchauffements antérieurs de s'étendre d'un hémisphère à l'autre et de conduire à des modifications brutales et inattendues des évolutions climatiques.

Dans les années à venir, la science pourra constituer un élément d'aide éclairée à la décision ou, au contraire, si l'expertise se concentre dans des mains trop peu nombreuses, un instrument de pouvoir pour argumenter ces mêmes décisions en fonction d'intérêts plus particuliers. Il importe donc d'être particulièrement vigilants sur les conditions dans lesquelles ce développement scientifique se poursuivra.

Glossaire

Anthropique : cet adjectif caractérise ce qui résulte des activités humaines.

Circulation thermohaline: circulation océanique entraînée par les variations de densité de l'eau de mer, qui sont fonction des changements de température (« thermo ») et de salinité (« haline »). Une branche importante de la circulation thermohaline s'articule avec le Gulf Stream et amène des eaux chaudes jusqu'au nord de l'Atlantique Nord.

Convection: dans un fluide, mouvement engendré par un chauffage intense près de sa base, qui provoque la montée de la partie du fluide échauffée, et donc moins dense. Dans l'atmosphère, les mouvements convectifs sont accélérés par le dégagement de chaleur produit par la condensation de l'eau dans les nuages. Dans les océans, il apparaît une convection inverse due au refroidissement des eaux de surface ou à l'augmentation de leur salinité : rendues ainsi plus denses, ces eaux s'enfoncent, provoquant la remontée des eaux plus profondes.

Effet de serre : les gaz à effet de serre agissent comme la paroi vitrée d'une serre (ou comme la vitre d'une automobile) qui laisse pénétrer le rayonnement solaire, mais empêche le rayonnement infrarouge de s'échapper librement. Il en résulte un chauffage intense des basses couches de l'atmosphère et un refroidissement des couches situées en altitude.

El Niño : processus océanique qui voit les eaux chaudes de l'océan Pacifique équatorial Ouest refluer vers l'est toutes les quelques années. El Niño est intimement couplé à une oscillation atmosphérique appelée oscillation australe, et entraîne avec lui un déplacement général de toutes les zones de pluie ou de sécheresse dans la ceinture tropicale, et même au-delà. C'est la plus forte manifestation de la variabilité naturelle du climat.

Forçage climatique : le mot « forçage » est un néologisme destiné à traduire l'anglais *forcing*. L'expression « forçage climatique » désigne toute perturbation imposée au système climatique le conduisant vers un nouvel état d'équilibre. Il peut avoir différentes origines: changement de position des continents, perturbation des différents types de rayonnements (voir Forçage radiatif)…

Forçage radiatif: désigne la variation du rayonnement atmosphérique causée par un élément particulier (aérosols, gaz à effet de serre, nuages, ensoleillement…). Il est mesuré avant que l'atmosphère n'ait commencé à réagir pour s'adapter à cette modification. Il s'exprime en unités d'énergie par seconde et par mètre carré ($W.m^{-2}$). Il peut être positif s'il correspond à un échauffement du système, ou négatif s'il correspond à un refroidissement.

GIEC: Groupe intergouvernemental sur l'étude de l'évolution du climat. Mis en place par le programme Environnement des Nations unies et par l'Organisation météorologique mondiale, c'est une émanation de la communauté scientifique destinée à faire une évaluation périodique des recherches dans le domaine climatique et de leurs implications pour la prise de décision.

Holocène: période qui a commencé il y a environ douze mille ans et qui se poursuit encore aujourd'hui. Elle se caractérise par un climat de type interglaciaire globalement assez stable, et donc proche de celui que nous connaissons maintenant (malgré quelques fluctuations régionales importantes, tel l'arrêt de la circulation thermohaline (voir ce mot) de l'océan, qui a provoqué un refroidissement de l'Atlantique Nord et de l'Europe il y a 8 200 ans). La période récente a été très perturbée par les activités humaines, ce qui conduit à la désigner sous le nom d'Anthropocène.

IPCC : *International Panel on Climate Change*, acronyme anglais du GIEC (voir ce mot).

IPSL : Institut Pierre Simon Laplace. Il regroupe cinq laboratoires de la région parisienne impliqués dans l'étude des sciences de l'environnement global.

Mode : la variabilité climatique aux échelles de temps supérieures à quelques jours n'est pas prévisible de manière exacte, mais elle présente des niveaux d'organisation que l'on désigne souvent par le terme de « mode » et qui conduisent souvent à une prévisibilité d'ordre statistique.

Oscillation Nord-Atlantique : les variations opposées de l'anticyclone des Açores et de la dépression d'Islande constituent l'une des caractéristiques majeures des fluctuations climatiques sur l'Europe. Ces variations semblent organisées dans le temps, et leur moyenne semble suivre des oscillations lentes, décennales, qui sont sans doute le résultat encore mal compris de couplages avec la composante océanique.

Précession des équinoxes : paramètre astronomique qui définit la proximité de la Terre par rapport au Soleil au début des saisons. La période moyenne de la précession climatique est de 21 000 ans.

Protocole de Kyoto : adopté à Kyoto en 1997, ce protocole engage les pays développés et ceux dont l'économie est en transition à réduire leurs émissions de gaz à effet de serre (voir ce mot) anthropiques (gaz carbonique, méthane, oxyde d'azote, hydrofluorocarbures, perfluorocarbures et hexafluorure de soufre) d'au moins 5 % au-dessous des niveaux de 1990 sur la période d'engagement 2008-2012. En août 2004, le protocole de Kyoto n'avait pas encore été ratifié.

Protocole de Montréal : ce protocole, adopté à Montréal en 1987, et ses amendements successifs portent sur les substances qui appauvrissent la couche d'ozone. Il réglemente la consommation et la production de produits chimiques contenant du chlore et du brome, destructeurs de l'ozone stratosphérique, tels que les chlorofluorocarbures CFC, le méthylchloroforme, le tétrachlorure de carbone, et bien d'autres.

Puits : la surface des continents peut émettre (source) ou absorber (puits) des composés chimiques. Par exemple, la croissance des arbres, consommatrice de carbone, constitue un puits de carbone. La prise en compte des puits de carbone dans la négociation internationale sur les réductions d'émissions de gaz à effet de serre (voir ce mot) a constitué un enjeu important, car il n'est pas facile de distinguer les puits naturels des puits anthropiques, et leur quantification est difficile à réaliser.

Rapport de mélange : abondance relative d'un gaz dans l'atmosphère, c'est-à-dire nombre de molécules de ce gaz par rapport au nombre de molécules d'air. Par exemple, aujourd'hui, le rapport de mélange du CO_2 est en moyenne de 367 millionièmes, ce qui signifie que 367 molécules de CO_2 sont présentes dans chaque million de molécules d'air.

Stratosphère : région de l'atmosphère s'étendant d'environ 10 km à 50 km d'altitude, et contenant près de 90 % de l'ozone atmosphérique.

Tropopause : couche atmosphérique située à un peu plus de 10 km d'altitude, qui sépare la troposphère et la stratosphère.

Troposphère : région de l'atmosphère s'étendant de la surface terrestre à une altitude d'un peu plus de 10 km. Elle est le siège des principaux phénomènes climatiques décrits dans ce livre.

Bibliographie

Jean-Claude Duplessy et Pierre Morel, *Gros temps sur la planète*, Odile Jacob, coll. « Poches Odile Jacob », 2000.

Jacques Fontan, *Les Pollutions de l'air, les connaître et les combattre*, Vuibert, 2003.

Roger Guesnerie, *Combattre l'effet de serre nous mettra-t-il sur la paille ?*, Le Pommier, coll. « Les Petites Pommes du Savoir », 2003.

Jean-Marc Jancovici, *L'Avenir climatique*, Le Seuil, 2002.

Sylvie Joussseaume, *Le Climat : d'hier à demain*, CNRS Éditions, 2000.

Jean Jouzel et Anne Debroise, *Le Climat : jeu dangereux, quelques prévisions pour les siècles à venir*, Dunod, 2004.

Robert Kandel, *Les Eaux du ciel*, Hachette, 1998.

Robert Kandel, *Le Réchauffement climatique*, Presses Universitaires de France, coll. « Que sais-je ? », 2002.

Hervé Le Treut et Guy Jacques, *Le Changement climatique*, éd. de l'Unesco, 2004.

Hervé Le Treut et Jean-Marc Jancovici, *L'Effet de serre : allons-nous changer le climat ?*, Flammarion, coll. « Champs », 2004.

Gérard Mégie, *Ozone : l'équilibre rompu*, Presses du CNRS, 1989.

Philippe Roqueplo, *Climats sous surveillance : limites et conditions de l'expertise scientifique*, Economica, 1993.

Table des matières

Ce livre fait suite à une série de cours
qui se sont tenus à la Cité des sciences
et de l'industrie, le 29 novembre
et les 6 et 13 décembre 2003, les 10, 17,
24 et 31 janvier et les 7 et 14 février 2004.